휴전선 155마일
야생화 기행

휴전선 155마일
야생화 기행

첫판 1쇄 발행 1994년 4월 15일
2판 1쇄 발행 2003년 9월 30일

지은이 _ 김태정
펴낸이 _ 장세우

펴낸곳 _ (주)대원사
주　소 _ 140-901 서울시 용산구 후암동 358-17
전　화 _ 02-757-6717 팩스 02-775-8043
등록번호 _ 제3-191호
홈페이지 _ www.daewonsa.co.kr

ⓒ 김태정, 2003

값 28,500원

ISBN 89-369-0976-2 03480
잘못 만들어진 책은 바꾸어 드립니다.

휴전선 155마일
야생화 기행

글·사진 김태정

대원사

머리말

이 땅에서 태어나 가장 한국적인 모습으로 그 강인한 생명력을 이어가고 있는 우리 꽃 야생화. 이제는 우리 곁에서 그 이름조차도 잊혀져 가기에 더욱 소중히 느껴지는 우리의 꽃이다. 사람들은 대개 이 지구상의 다양한 생물들이 얼마나 중요한가를 인식하려 들지 않는다. 많은 생명체들 중에서도 식물은 더욱 그러하다. 환경에 가장 예민하게 반응하는 식물의 생태는 환경지수의 바로미터라고 할 만큼 생태계에서 중요한 위치를 점하고 있다. 더구나 개발 등에 밀려 거의 사라지고 없는 우리 강산의 야생식물들은 더없이 소중한 자산이요 우리의 토속적인 정서가 깃든 생명체들이다.

필자는 우리 땅의 들꽃을 찾아서 발길 닿는 곳이면 산과 들, 강, 섬 지역 어디든지 종횡무진하며 근 30여 년을 헤매 다녔다. 지금도 저 멀리 남녘 끝에서부터 꽃이 피어나는 꽃물결을 따라 북으로 올라오고, 모든 꽃이 질 때쯤이면 다시 봄에 왔던 길을 따라 남녘으로 내려가기를 계속하고 있다.

초여름이면 아련하게 금강산이 보이는 휴전선에 이르게 되는데, 이곳에서는 그만 탐사를 접고 민들레 홀씨가 불어오는 남풍에 실려 북녘으로 날아가는 것만 바라보다가 돌아와야 했다. 이렇게 돌아오기를 몇 번이나 했는지……. 북녘 땅의 야생화들도 탐사하고 싶었지만 마음뿐이었다.

그러다 1987년 처음으로 민통선 북방 지역을 탐사할 기회가 생겼다. 자연보호중앙회와 내무부가 주최하는 민통선 북방 지역 종합 학술 조사단의 일원으로 6월 1일부터 9월 30일까지 장장 90일 동안 탐사에 참여하였다. 강원도 고성에서 경기도 강화, 교동도까지 왕복하였는데, 6월 초순에 고성의 통일전망대 부근에 피었던 큰달맞이꽃은 강화도에 갔다가 돌아오니 탐스런 열매가 달려 있어서 탐사 기간이 길었음을 실감하였다.

내륙의 휴전선(DMZ) 155마일, 우리말로는 육백리라 하는데, 이 휴전선 육백리를 고루 탐사하면서 얻은 자료와, 바로 후에 서해 해상의 휴전선 육백리를 뱃길로 다니면서 탐사한 내용들을 모아, 1994년 봄에 『휴전선의 야생화』를 발간하였다. 그 후로 휴전선 지역의 더 많은 자료를 확보하게 되어 이제 개정판을 발간하게 되었다. 올해로 휴전선 50주년을 맞는데, 휴전선의 야생화 및 휴전선 관련 현실을 다룬 책은 이 책으로 끝맺음하기를 바라는 마음이다.

2001년에는 늘 가고 싶었지만 마음에 그쳤던 묵한 지역의 백무고원과 백두고원을 탐사하면서 아름다운 고산식물들을 눈으로 확인하였다. 언젠가는 백두대간을 따라가면서 이 땅의 우리 꽃들을 탐사할 수 있기를 간절히 소망한다.

이 책을 다시 편집하면서 1987년 당시 촬영했던 사진 가운데 지금은 몰라보게 달라진 곳들은 최근에 촬영한 것으로 교체하였다. 당시 보름도 포구에서 망둥어 낚시를 하던 어린 자매들이 지금은 어엿한 성인으로 자랐을 것이라는 생각을 하면 세월의 흐름을 실감한다. 분단 환경이 삼엄하기만 했던 당시에 비해, 지금은 남북 문화 교류도 대단히 활발하다. 야생화 외에 휴전선 부근의 여러 모습을 찍어두고도 여러 가지 제약으로 싣지 못했던 사진들을 이번에는 함께 담았다.

끝으로 휴전선 지역에 갈 때마다 안전하게 안내해주고 허락해주신 군 관계자, 장병 여러분께 심심한 감사를 드리며 어려운 여건에서 탐사 작업을 같이한 송기엽 선생님, 최낙경 화백과 더불어 야생화연구회 단원 여러분께도 감사드리고 어려운 출판 여건에도 불구하고 재차 책을 출판해주신 대원사에도 감사드리는 바이다.

2003년 8월 한국야생화연구소 소장 김태정

차례

머리말   4

동부전선의 야생화

명호리 통일전망대 · 해금강	10
건봉산 · 고진동 · 건봉사	24
향로봉	36
대암산 · 용늪	64
두솔산 · 양구	80
대우산	94
가칠봉	104
해안분지와 두타연	114

중부전선의 야생화

수상리 · 천미리 · 평화의 댐	132
백암산 · 적근산	142
대성산 · 복주산 · 광덕산	156
철원 월정리 · 정연리 · 갈말읍	172

서부전선의 야생화

백학면 고랑포리	188
판문점 · 대성동 · 석곶리 · 파주 · 문산	204
애기봉 · 사암리 · 월곶리	210
강화도 · 교동도 · 보름도	218
백령도 · 대청도 · 연평도	236
탐사지역 지도	251
꽃이름 찾아보기	252

동해안의 최북단 자그마한 항구의 등대는
동해 바다의 맑고 푸른 파도를 벗삼아
오늘도 꿋꿋이 바다를 지키며 그 불을 밝힌다.
오랜 세월의 세찬 풍랑으로 인하여 일그러진
바위틈에는 해국이 가느다란 뿌리를 굳게 내리고
늦은 가을까지 아름다운 꽃을 피운다.

해금강 지역 DMZ

동부전선의 야생화

명호리 통일전망대·해금강
건봉산·고진동·건봉사
향로봉
대암산·용늪
두솔산·양구
대우산
가칠봉
해안분지와 두타연

명호리 통일전망대 해금강

동 부 전 선 의   야 생 화

동해안의 최북단 자그마한 항구의 등대는 동해 바다의 맑고 푸른 파도를 벗삼아 오늘도 꿋꿋이 바다를 지키며 그 불을 밝힌다. 오랜 세월의 세찬 풍랑으로 인하여 일그러진 바위틈에는 바위 난간에 가느다란 뿌리를 굳게 내리고 늦은 가을까지 아름다운 꽃을 피우는 해국(Aster spathulifolius)이 바닷바람에 흔들린다. 북녘으로 한참 올라가면 푸른 바다 위에 희고 붉은 색으로 점점이 이어지는 작은 섬들, 이들이 동해의 절경 해금강을 에워싸고 있다.

오늘도 북녘에 두고 온 가족과 고향의 그리움에 이곳 통일전망대를 찾는 이들의 발길은 끊이지 않는다. 흰 머리카락을 흩날리며 북녘을 바라보면서 망향의 그리움을 잊지 못하는 노인의 시야에는 바로 명사십리(明沙十里)의 해변 같은 아름다운 반달 모양의 은빛 백사장이 펼쳐져 두고 온 산하를 더욱 그립게 한다.

바로 눈앞의 가깝고도 먼 금단의 땅 위에는 금강산(金剛山)의 아름다운 줄기가 동해로 뻗어나와 마지막 바닷가에서 아홉 신선이 내려와 바둑을 두었다는 구선봉(九仙峰, 일명 낙타봉)이 절경을 이루고, 그 가운데 솔밭을 이루고 있는 송도(松島)라 불리는 작은 섬이 남과 북의 경계를 지키고 있다. 금강산의 커다란 옥녀봉이 손에

동부 최북단에 위치한 등대

해국

잡힐 듯 구름 속에 가려진 채 바라보이는 이곳 휴전선 지역은 온갖 생물들조차 숨죽인 듯 고요하기만 하다.

구선봉 바로 앞에는 선녀와 나무꾼의 전설 속에 전해져 내려오는 못(池)이 푸르름을 잃지 않고 유유히 맴돌지만 주변의 모든 곳에는 아직도 섬뜩한 붉은 선전 문구가 여기저기 어지럽게 붙어 있다.

남과 북이 대치해 있고 이산가족들이 고향을 그리며 한(恨)을 달래고 있는 것에는 아랑곳없이 바닷가 언덕이나 계곡의 하천변 또는 산 위에서는 오랜 세월 동안 사람의 간섭을 받지 않고 살아가는 자연 생태계의 모든 것들이 그 힘을 잃지 않고 더욱 더 아름답게 자라고 있다.

이들 가운데 우리의 귀한 특산식물(特産植物, 토종식물)이나 동물, 곤충, 어류

개석잠풀　엉겅퀴

벌노랑이　갯완두

등이 우리와 함께 이곳의 비무장지대를 지킨다. 이 지역의 식물군으로는 대단히 많은 종이 속해 있다. 그 가운데 봄에 가녀린 작은 꽃을 피우는 '개석잠풀(Stachys Riederi var. hispidula)', 초여름에 분홍색 꽃으로 초원을 붉게 물들이는 '엉겅퀴(Cirium japonicum var. ussuriense)', 해변가 언덕 등에 옹기종기 모여서 큰 군락을 형성하고 여름이 갈 때까지 작고 샛노란 꽃을 많이 피우는 '벌노랑이(Lotus Corniculatus var. japonicus)' 등이 있다. 이들 벌노랑이가 핀 곳과 비슷한 장소의 길가 초원에는 '갯완두(Lathyrus japonica)'가 요염한 자태로 자주색의 작은 꽃을 피워 벌노랑이와 조화를 이룬다.

'끈끈이대나물(Silene armeria)'은 귀화식물로서 태백산맥의 등줄기를 따라 남쪽으로 그 분포지를 길게 뻗으며 자라는데, 간혹 산골 농가의 화단에 심기도 한다. 붉은색 꽃과 흰색 꽃을 피우는데 특히 동해안 지방에서 볼 수 있다.

큰달맞이꽃

또 하나의 귀화식물로서 우리나라에 들어와 그 분포지를 넓혀가고 있는 '큰달맞이꽃(Oenothera lamarckiana)'은 바닷가에서부터 내륙 안쪽의 깊은 곳까지 분포한다. 양양을 벗어나 설악산 가까이까지 분포하는데 이들은 달맞이꽃보다 앞서 6월에 큰 접시 모양의 꽃을 피우기도 한다.

'개다래(Actinidia polygama, s. et z.)'는 산골짜기 등에서 흔히 볼 수 있다. 양지바른 산자락의 바위틈에는 '금낭화(Dicentra spectabilis, L.)'가 휘어진 꽃줄기에 주머니 모양의 꽃을 여러 개씩 달고 가녀리게 피는데 이들 금낭화는 설악산 향로봉, 건봉산 외에도 내륙 지방 깊은 골짜기까지 분포한다.

위 · 개다래
아래 · 인동

남녘에서 겨울에도 간혹 살아남는 '인동(Lonicera japonica)' 덩굴은 특히 이곳 동부 휴전선 민통선 지역(민간인 통제 지역)의 숲 가장자리에 많이 자란다. 여름에 짙은 향기를 뿜어내어 벌과 나비들을 불러들이는 꽃으로, 꽃이 처음 필 때는 흰색이지만 시간이 지나면서 점차 노란색으로 변한다. 한 곳에서 흰 꽃과 노란 꽃을 볼 수 있어서 일명 '금은화(金銀花)' 라고도 한다.

우리나라 각처에서 야채로 흔히 먹는 '고들빼기(Youngia sonchifolia)' 는 이곳의 초원에도 많이 자라고 초여름에 많은 꽃을 피운다. '쥐오줌풀(Valeriana fauriei)' 은 전국의 심산(深山) 지역 초원에 많이 나지만 이곳의 휴전선 철조망 가에서도 해마다 어김없이 불그레한 둥근 꽃송이를 내민다. 강원 지방에서는 이 풀을 '은대가리나물' 이라고 부른다. 병사들이 다니는 길가 풀숲에는 이름 모를 벌레들과 함께 풀잎이 무를 닮은 '뱀무(Geum japonicum)' 가 여름이 오는 것을 알려주기라도 하듯 여기저기서 많은 황금색의 꽃을 피운다. 이들은 여름이 다 갈 때까지 계속 꽃을 피우고 둥글고 가시가 많은 열매를 맺는다.

'마(Dioscorea batatas)' 는 가을에 맺힌 열매가 겨울의 눈 속에도 그대로 남아 있다. 솜 같은 눈송이에 소복이 둘러싸인 열매를 보면 이곳의 겨울을 느낄 수 있다.

이 밖에도 많은 식물들이 꽃을 피우지만 민통선 지역이나 휴전선 지역 중에서

위 왼쪽 · 고들빼기
위 오른쪽 · 쥐오줌풀
아래 · 뱀무

산괴불주머니

노랑제비꽃

산자고

민솜방망이

흰민들레

도 동쪽이나 서쪽의 바닷가 낮은 지대에는 희귀한 야생식물이 그다지 많이 자라고 있지는 않다.

해금강 지역은 봄이 시작되면 산골짜기에서 가장 먼저 산괴불주머니, 노랑제비꽃, 산자고, 민솜방망이, 흰민들레, 서양민들레, 각시붓꽃 등이 봄소식을 알린다.

이때부터 통일전망대를 찾는 사람들도 더 많아진다. 봄이 멀어지고 더위가 찾아오면 바닷바람에 걸어놓은 오징어가 볼 거리가 된다. 이때쯤이면 대진항에 많은 관광객과 더불어 화진포 해수욕장의 바닷가 은모래는 더욱 곱게 곱게 파도에 밀려든다.

해수욕장에 피서 인파가 몰려들기 전에 빨리 꽃을 피우고 재빨리 열매를 모래 땅에 묻어버리는 재치 있는 식물 '갯메꽃(Calystegia soldanella)'은 바닷가 모래밭이나 철조망 너머에서 많은 꽃을 피운다.

서서히 모래땅이 뜨거워지는 여름이 시작되면 통일전망대에서 바라보이는 해금강 지역의 비무장지대(DMZ) 안쪽 바닷가 모래땅에는 분홍색의 '해당화(Rosa rugosa)'가 향기를 뿜어대며 이곳 바닷가를 뒤덮게 된다.

서양민들레

위 · 해금강 바닷가의 해당화 군락
아래 왼쪽 · 해당화
아래 오른쪽 · 해당화 열매

이곳의 해당화 군락지는 북쪽으로 해금강 지역과 더 북쪽으로 원산의 명사십리까지 대군락을 이룬다.
갯메꽃 외에도 여러 가지 여름 꽃들이 피어나서 푸른 바다와 더불어 보석같이 아름다운 해금강 쪽의 작은 바위섬들이 더욱 아름답게 보인다.
이곳은 가을이 빨리 찾아오며 억새, 구절초, 개쑥부쟁이, 감국 등의 순으로 꽃이 피며, 이들은 우리 땅의 전형적인 가을 꽃들이다. 감국의 꽃이 지고 나면 산바람과 함께 긴 겨울이 찾아온다.

위 · 각시붓꽃
아래 · 갯메꽃

위 · 억새
아래 · 구절초

감국

개쑥부쟁이

금강산 전망대에서 본 금강산(여름)

건봉산 고진동 건봉사

동부전선의 야생화

건봉산(乾鳳山, 해발 911미터)은 동해안의 자연 경관이 수려한 곳에 위치해 있다. 지금은 건봉사(乾鳳寺)까지는 민간인 출입이 가능하지만 예전에는 민간인 통제 구역에 있었다. 향로봉에서 북동쪽 능선으로 길게 이어지는 건봉산은 오서동 계곡과 고진동 계곡 등 옛날 금강산으로 들어가는 입구였다. 이 지역은 계곡의 물이 대단히 풍부하고 오염이 안 된 곳으로 열목어 등이 서식하며 여기서 흐르는 물길은 남강(南江)을 거쳐서 북한의 구선봉 지역으로 흐른다.

건봉산 지역 DMZ

위 · 건봉사 불이문 뒤쪽
가운데 · 건봉사 부도
아래 · 건봉사

건봉산 고갯길은 육중한 큰 트럭도 올라가는 길목에서 잠깐 쉬어갈 정도로 가파르며, 필자가 조사할 당시 트럭에 매달리다시피 하여 고개를 넘은 것이 지금도 기억에 남는다.

이 건봉산 자락 아래로 고찰(古刹) 건봉사가 있다. 옛 건물은 한국전쟁 때 모두 불타버리고 불이문(不二門)만 쓸쓸히 남아 있다. 주변의 우거진 숲속에는 부도전이 가려져 있고 예전의 웅대했던 대웅전 대신 지금은 근래에 건축한 자그마한 대웅전이 세워져 있다. 깊고 수려하기 이를 데 없는 이곳 건봉사는 빽빽한 나무숲으로 자연림을 이루고 있다. 그 옛날 금강산으로 들어가는 사람은 이곳 건봉사에서 쉬고 이른 아침 건봉산을 넘어야 해지기 전에 금강산 어귀에 도착할 수 있었다고 한다.

건봉사 지역은 봄이 되면 민들레와 더불어 금낭화, 피나물, 초롱꽃 등이 많이 피어나고, 여름이 지나면서 숲 가장자리에서는 마타리, 개쑥부쟁이, 개미취, 수리취, 고려엉겅퀴, 각시취 등이 진한 꽃내음을 풍긴다.

위 · 금낭화
아래 · 피나물

건봉산을 넘어서면 폭음을 내뿜으며 쏟아지는 여러 개의 작은 폭포 소리에 귀가 멍해진다. 이 계곡은 고진동 계곡으로, 한여름에도 서늘하기 이를 데 없으며 물이 대단히 차고 오염되지 않아 열목어가 서식하고 있다.

오서동 계곡은 고진동 계곡과 마찬가지로 천혜의 원시림이 그대로 유지되고 있는 수려한 곳이다. 오랫동안 인적이 끊긴 덕택으로 온갖 동식물들이 무성하며 특히

고진동 계곡

뱀이 많아서 발길을 떼기가 무섭다. 그 밖에 산양, 노루, 고라니, 멧돼지 등의 희귀 야생동물도 많다.

수백 년 묵은 고목이 쓰러져 썩은 곳에는 여러 가지 버섯이 커다랗게 자라고, 얼키고설킨 줄기 때문에 사람이 들어가기 어려운 이곳의 원시림에는 모든 생물들이 그 힘을 잃지 않고 생기 있게 자라고 있다.

여름이 시작되면서 늘 구름 속에 가려진 건봉산 위에 오르면 산 능선의 넓은 초원에는 온갖 식물군이 모여 더불어 자라고, 형형색색으로 피어난 꽃들은 흡사 큰 화원을 방불케 한다.

노루오줌, 마타리, 금마타리, 기린초, 물레나물, 염아자, 둥근이질풀, 잔대, 동자꽃, 궁궁이, 물양지꽃 등 수많은 식물들이 앞다투어 고운 꽃망울을 터뜨린

양지꽃

다. '양지꽃(Potentilla fragarioides)'은 이른 봄 어디에서고 피는데 이곳에서도 작고 노란 꽃을 많이 피운다.

'할미꽃(Pulsatilla cerrma)'은 중부 지방의 산과 들에서 흔히 자라던 풀이었으나 환경 오염과 개발 등에 밀려 자라던 곳을 모두 빼앗기고 지금은 깊은 산골짜기의 양지바른 곳에서나 볼 수 있는 희귀식물이 되어가고 있다. 한 할머니가 키워 준 손녀들에게 오히려 구박을 당하고 멀리 고개 너머 가난하게 살고 있는 착한 손녀딸을 찾아가다가 그만 고갯마루에서 허기에 못 이겨 쓰러져 죽었는데, 그 자리에서 난 풀이 할머니의 허리같이 구부러지고 흰 머리카락을 달고 있는 듯하다 하여 할미꽃이 되었다는 전설이 있다.

'세잎양지꽃(Potentilla freyniana)'은 대개 깊은 산골짜기의 숲속 바위틈이나 그늘진 곳에서 자란다. 양지꽃처럼 노란 꽃을 피우고 높은 산의 바위틈에서도 자라며, 산 위에서는 양지의 산기슭에서 잘 자란다.

'댓잎현호색(Corydalis turtschaninovii)'은 풀잎의 모양이 댓잎과 같다 하여 그 이름이 붙여졌다. 각처의 낮은 곳에서 흔히 자라고 특히 그늘지고 습한 곳에서 많이 나며 봄에 요염한 자주색이나 하늘색의 꽃을 여러 개 달고 피어나는 연약하고 작은 꽃이다. 이들 현호색 종류들은 이른 봄 눈과 얼음이 녹기 시작하면 곧바로 꽃을 피우고 다른 풀이나 나무들의 새싹이 나오기 전에 열매를 맺는다.

'금마타리(Patrinia saniculaefolia)'는 꽃의 색깔이 황금색이 나는 데서 얻어진 이름 같다. 이들 금마타리는 중부 지방의 설악산, 오대산, 향로봉 등 높은

할미꽃

산기슭의 바위틈이나 길가 산허리가 잘려 나간 난간에서 잘 자라며 특히 건봉산의 길가에서 많이 볼 수 있다.

산골짜기의 바위 밑 등 음습한 곳에서 잘 자라는, 풀잎이 유난히 큰 '도깨비부채(Rodgersia podophylla)'는 각처의 깊은 산에서 대체로 자라지만 특히 휴전선 지역의 건봉산, 향로봉, 대암산 등지에서는 군데군데 모여 자라기도 한다. 풀이름이 재미있는 이 식물은 여러 조각의 큰 풀잎에 비해 꽃은 그다지 아름답지 않다.

한편 혐오감을 주는 풀이름으로 '송장풀(Leonurus macranthus)'이 있는데 이 풀은 각처의 낮은 곳 약간 습기 있는 곳에서 잘 자라며 건봉산의 낮은 지대 풀밭에서도 자란다. 꽃의 모양을 자세히 확대하여 보면 그 모양이 별로 아름답지 못하며, 꿀을 가진 꿀풀과의 일종이다.

우리나라의 산과 들에는 흔히 산딸기라 불리는 야생 딸기가 많은데 그 종류는 여러 가지가 있다. 이들 가운데 그 열매(딸기)가 크고 맛 좋게 열리는 것들은 몇 가지가 되지 않는다. 초여름에 '줄딸기(덤불딸기)'가 제일 먼저 붉고 탐스

위·댓잎현호색
아래·금마타리

러운 열매를 열어 사람들의 입맛을 돋워준다. 뒤이어 늦은 여름부터는 '멍석딸기(Rubus parvifolius)'가 크고 맛 좋은 열매를 맺는다. 멍석딸기도 각처의 산과 들에서 볼 수 있으나 특히 인적이 드문 맑고 깨끗한 이곳 초원에서 열리는 붉고 탐스런 열매는 보기만 하여도 입에 신맛이 돈다.

이곳에서 열리는 딸기는 대개 철새들의 몫이 되지만 가끔 뱀도 즐겨 따먹는

위 · 멍석딸기
열매(오른쪽은
멍석딸기 꽃)
왼쪽 · 도깨비부채

좁쌀풀

다. 예부터 산딸기는 강정제(强精劑)로 먹기도 했다. 또한 꽃이 막 피려는 듯 움츠린 상태가 실제로는 완전히 꽃이 핀 모양이다.

꽃차례(花序)에 작은 꽃들이 많이 달리기 때문에 '좁쌀풀(Lysimachia vulgaris var. davurica)'이란 이름을 가진 풀도 중부 지방의 산과 들에 흔히 나지만 누가 간섭하고 뜯어가지 않아서 그런지 옹기종기 모여서 가녀린 꽃을 많이 피우고 있다.

전설에 시어머니에게 억울하게 매를 맞고 입가에 흰 밥풀을 물고 죽은 며느리의 한 맺힌 무덤 가에서 입술같이 빨간 입 모양의 꽃 속에 흰 밥알을 2개 물고 있는 듯한 꽃이 핀다고 하여 그 이름이 '며느리밥풀꽃'이라 붙여진 풀이 있다. 그러나 입에 흰 밥풀 같은 것은 없고 그저 곱게 단장한 며느리같이 핀다는 '꽃며느리밥풀(Melampyrum roseum)'은 금강산에서부터 태백산맥의 주맥을 따라 이곳 건봉산을 거쳐서 설악산 한계령, 오대산, 태백산까지 높은 산의 능선을 따라 숲속 그늘에서 곱게 피어난다. 이 풀은 대개는 참나무숲, 신갈나무숲이나 소나무숲 등의 아래에 많이 모여서 군락을 이루고 있다.

우리나라의 산에는 유독성(有毒性) 식물들이 많이 자라고 대개는 여름 늦게부터 가을에 이르기까지 대단히 아름다운 색깔들로 꽃이 핀다. 식물의 모양이 이상하고 지나치게 화려하면 일단 의심을 해볼 필요가 있다. 독성이 약한 것은 위험하지 않으나 맹독성을 가지고 있는 식물들을 우리가 함부로 다루는 것

진돌쩌귀

은 대단히 위험한 일이다. 그러나 이들 대개는 한방(韓方) 등에서 귀한 약재(藥材)로 쓰여지기도 한다. 한방에서 초오(草烏), 부자(附子) 등으로 불리우는 미나리아재비과의 독초인 '진돌쩌귀(Aconitum seoulense)'는 처음에 서울의 북한산 높은 곳에서 발견된 듯하며 학명에도 서울이 들어가 있다.

이 풀은 서울을 기점으로 중부 지방의 심산 지역에 분포하며 북쪽으로는 금강산까지 이르고 있다.

도라지는 우리 산에 많이 나며, 모싯대(모시대) 또한 깊은 산 숲속에 자라며 여름이면 종(鐘) 모양의 꽃을 아름답게 피운다. 풀의 모양이 모싯대를 닮고 꽃

꽃며느리밥풀

은 도라지를 닮아 '도라지모싯대(Adenophora grandiflora)'라고 하는 풀은 그 모양이 아름다워 한 포기의 화초 같다.

이들은 특히 건봉산, 향로봉, 대암산, 대우산, 가칠봉, 두솔산, 설악산, 오대산, 점봉산 등지의 높은 산 초원에서 아름다운 꽃을 달고 산봉우리를 지키듯이 구름 속에 싸여서 자란다.

이 밖에도 많은 나무와 풀들이 자라며 계절에 따라 꽃이 피고 열매를 맺으며 때가 되면 어김없이 우리를 맞이한다. 어느 이름 모를 병사의 철모인지 주인 잃고 탄흔에 뚫린 녹슨 철모 옆에는 붉은 털중나리꽃, 기린초, 초롱꽃 등이 숲속에 뒹굴며 죽어간 병사의 넋이라도 위로하는 듯이 피어 있다. 이러한 아름다운 야생화들과 함께 잠자리나 나비, 무당개구리, 꽃뱀 등이 한데 어우러진 이곳은 그야말로 살아 있는 자연을 실감케 한다.

도라지모싯대

향로봉

동부전선의 야생화

향로봉(香爐峰, 해발 1,298미터)은 북쪽으로는 금강산의 비로봉(해발 1,638미터)에서 무산(巫山, 해발 1,320미터)과 이어지며, 남쪽으로 태백산맥의 가장 중요한 위치이자 우리나라의 지붕으로 일컬어지기도 하는 대관령(大關嶺)의 윗부분이다.

예부터 이 지역의 자연생태적인 위치는 이미 잘 알려져 있지만 금강산의 중요한 식물군은 이 능선을 따라 혹은 대륙성 기압에 의하여 남으로 그 분포지를 넓히고 있다. 사람은 오가지 못하지만 이들 식물들은 험한 철조망을 통과하여 계속해서 남쪽으로 이동하고 있으며, 토종식물이라 일컬어지는 한국특산식물들이 많이 발견되고 있다. 이들 가운데 특히 '금강초롱꽃(Hanabusaya asiatica)', '금강봄맞이꽃(Androsace cortusaefolia)', '금강제비꽃(Viola diamantica)', '비로용담(Gentiana Jamesii)' 등 희귀식물들은 그 건재함을 알려주어 대단히 반가운 일이 아닐 수 없다.

매서운 북풍에도 끄떡없는 향로봉 고원지(高原地)의 많은 야생화 군락은 몰려오는 구름과 싸우기라도 하는 양 모두 꽃잎을 열고 하늘을 향해 외치는 듯하다가도, 이윽고 안개구름이 지나가면 구름과의 싸움에서 지쳐 눈물이라도 흘리는 듯 꽃잎마다 방울방울 이슬을 머금고 고개를 뚝 떨어뜨린 모습이 마치 수줍은 산처녀들처럼 더없이 청아하기만 하다.

북녘으로 비무장지대에는 바다 같은 구름이 깔리고 동자꽃, 송이풀, 산오이풀, 촛대승마, 금강초롱꽃, 왜솜다리, 잔대, 도라지모싯대, 전호, 말나리, 곰

위 · 철모 위로 피어난 야생화
아래 · 향로봉 기념비

향로봉에서 본 일몰

취, 참배암차즈기, 돌바늘꽃, 바늘꽃, 둥근이질풀 등이 구름이 멀리 간 사이에 따스한 태양을 받아 저마다 보아달라는 듯 아름답게 피다가 저녁 무렵 서쪽의 전선에 붉은 노을이 물들어올 때면 고요한 찬바람 속에 다시 인고의 시간을 견딘다.

[봄] 향로봉의 4월은 쌓인 눈과 얼음이 녹으면서 야생화들이 기다렸다는 듯이 땅속에서 일제히 터져 나와 재빨리 꽃을 피운다. 이 무렵 향로봉의 약 7부 능선 이상을 뒤덮는 꽃이 있다. '한계령풀(Leontice microrhyncha)'은 높고 넓은 향로봉의 위쪽 능선을 뒤덮는데, 그 넓이가 약 수십만 평에 달하며 잿

왼쪽 · 한계령풀
오른쪽 · 얼레지
옆면 · 한계령풀 군락

빛의 관목 숲속을 황금색으로 물들인다.

'얼레지(Erythronium japonicum)' 또한 이들 한계령풀과 같이 약간 응달진 곳에서 큰 무리를 이루고 숲속을 연분홍색으로 뒤덮는다. 4월 하순경의 향로봉 위쪽 산기슭은 골짜기마다 아직 녹지 않은 흰 눈과 함께 황금색, 분홍색, 흰색의 꽃물결을 이루어 이른 봄 휴전선 지역에서 가장 아름다운 모습으로 자연이 만든 대화원을 방불케 한다.

봄이면 온 산천을 연분홍색으로 물들이는 진달래꽃이 막 지면 진달래와 비슷한 '철쭉(Rhododendron schlippenbachii)' 꽃이 민통선 지역 향로봉 높은 곳의 산기슭에서도 청아하고 아름답게 피어난다. 그러나 진달래꽃과는 달리 꽃에 독성을 품고 있어 함부로 꽃을 먹는다든가 하면 인체에 유해하다.

한국전쟁 때 산화한 전우들의 넋이 꽃으로 피어 아직도 쌀쌀한 이곳의 봉우리를 지키려는 듯이 모두 질서 있게 자리하고 있다. 이어서 '노루귀(Hepatica asiatica)', '처녀치마(Heloniopsis orientalis)', '뫼제비꽃(viola selkirkii)', '금강제비꽃', '참개별꽃(Pseudostellaria coreana)', '연영초(Trillium kamtschaticum)' 등의 귀한 꽃들이 많이 피어난다.

이중 '금강애기나리(Disporum ovale)'나 '금강제비꽃'은 원래 금강산에서 발생한 식물들이며 금강애기나리는 백두대간(白頭大幹)을 따라 남쪽으로 태백산, 소백산 지역까지 퍼져 있다. 금강제비꽃 역시 태백산, 함백산, 소백산 그리고 덕유산 지역까지 그 분포지가 남으로 뻗어 있다.

노루귀   노루귀

처녀치마   금강애기나리

연영초　　금강제비꽃

참개별꽃　　뫼제비꽃

향로봉의 5월(민들레 군락)

[**여름**] 여름철로 접어들면 향로봉의 북쪽 능선과 계곡에 수백 년씩이나 묵은 큰 나무들 특히 '피나무(Tilia amurensis)'가 꽃을 피워 온통 향기를 날려 보낸다. 향로봉은 우리나라에서 피나무가 가장 많은 지역이다.

'더덕(Codonopsis lanceolata)', '만삼(蔓蔘, Codonopsis pilosula)', '소경불알(Codonopsis ussuriensis)' 등이 나뭇가지에 매달려서 종 모양의 꽃을 피우고 향기를 뿜어대면 숲속이 온통 향기로 뒤덮인다. 여름이 짙어지면서 '말나리(Lilium distichum)', '박새(Veratrum patulum)', '중나리(Lilium leichtlinii var. tigrinum)' 등의 꽃이 피어 더위가 이곳 전선에도 찾아왔음을 느낄 수 있다.

특히 향로봉의 북사면은 '꽃개회나무(Syringa wolfi)'가 많이 자란다. 여름으로 접어들면서 많은 꽃을 피워 벌과 나비들을 끌어들이는데 원래 라일락 같은 개량된 꽃의 조상격으로 향기가 대단히 진하게 난다.

피나무 꽃
옆면 · 피나무

말나리

소경불알

만삼 더덕

박새

중나리

둥근이질풀

왼쪽 · 꽃개회나무
오른쪽 · 동자꽃

산 정상 부근 고원에서만 잘 자라고 여름이면 새색시 같은 연분홍색의 작고 아름다운 꽃을 많이 피우는 풀로 '둥근이질풀(Geranium Koreanum)'이 있다. 향로봉의 윗부분은 이들이 모두 차지하고 있다고 해도 과언이 아닐 정도로 이들은 대개 모여서 자기들만의 영역을 만들고 자란다. 짓궂은 여름의 소나기나 태풍이 지나가면 이 아름다운 둥근이질풀의 연분홍색 꽃잎들은 갈기갈기 찢어지거나 재빨리 꽃잎을 오므려 위기를 모면하는 것도 있다. 안개비가 지나가고 맑은 해가 뜨면 찬란한 빛을 내며 일제히 피어나는 모습은 향로봉이 아닌 다른 곳에서는 보기 드문 광경이다.

이들 둥근이질풀과 같은 시기에 커다란 꽃을 피우는, 웃는 어린아이의 얼굴 모양을 닮은 '동자꽃(Lychnis Cognata)'이 있다. 이 동자꽃에는 애절한 전설이 전해져 내려온다. 옛날 설악산 깊은 곳의 한 작은 암자에 홀로 지내던 스님

산오이풀

한 분이 부모 잃고 헤매는 어린 동자를 데려다가 같이 기거하였다. 겨울이 오기 전에 식량 채비를 하느라 스님은 동자 홀로 암자에 두고 마을로 내려갔는데, 때마침 겨울 첫 폭설이 내렸다. 스님은 혼자 두고온 동자 생각에 발만 동동 굴렀고 동자는 추운 암자 밖의 언덕 마을 길목에 앉아 스님이 오시기를 기다리다가 앉은 채로 얼어 죽었다고 한다. 원래 이 지방은 겨울에 한번 눈이 쌓이면 5월이나 되어야 눈이 녹아 산에 오를 수 있는데, 이듬해 봄눈이 녹은 후에 스님이 달려가보니 동자는 언덕에 앉은 채로 마을을 바라보고 죽어 있었다. 동자가 가엾은 나머지 스님은 그 자리에 무덤을 만들어주었고, 해마다 여름이면 이 무덤 가에는 이름 모를 풀이 자라고 동자의 웃는 얼굴 모양을 한 붉은 꽃이 마을 쪽을 향하여 일제히 피었는데 동자의 한(恨)을 달래주기 위하여 사람들은 이 꽃을 '동자꽃'이라 이름하였다 한다.

이 꽃은 태백산맥을 따라 남쪽의 지리산까지 분포하며 지금도 꽃이 피면 모든 꽃송이의 방향이 산 아래쪽을 향한다. 특히 향로봉 위쪽에 많이 피는데 다른 꽃들 사이에서 어린아이가 재롱이라도 띠는 듯 또한 병사들의 초소 옆에서 친구라도 되듯이 붉게 피어난다.

우리 산에서 가장 많은 군락을 이루고 자라는 '산오이풀(Sanguisorba hakusanensis)'은 향로봉 정상에서 가장 많이 자라고 여름이면 큰 이삭 모양의 탐스럽고 아름다운 붉은색 꽃을 피운다. 풀잎 끝에 항상 방울방울 영롱한 이슬방울을 매달고 있는 이들 오이풀 중 꽃이삭이 '큰오이풀(백두산)' 다음으로 크며 정상 부근의 바위산을 모두 차지하여 다른 꽃은 들어가지도 못할 만큼 단결력이 대단하다.

백두산의 숲에서부터 분포하며 부전고원, 낭림산맥, 묘향산, 금강산을 거쳐 향로봉과 더욱 남쪽으로 오대산까지 분포하는 '분홍바늘꽃(Epilobium angustifolium)'은 분홍색의 아름다운 꽃을 여러 개씩 달고 높은 산에 많이 피어나 고산식물(高山植物)다운 면모를 보여주며, 특히 북한 지

분홍바늘꽃

역에 많이 분포한다.

같은 바늘꽃과로 꽃이 작고, 꽃이 핀 것인지 아닌지 구분이 힘든 '돌바늘꽃(Epilobium cephalostigma)'도 마찬가지로 백두산 천지의 주변 습지에 자라며 분홍바늘꽃과 같이 산맥을 따라 분포지를 남쪽으로 넓혀가고 있으며 향로봉의 높은 곳에 많이 자란다.

낮은 골짜기의 풀숲에서 흰나방들이 모여 앉은 듯이 꽃을 피우는, 냄새가 아름답지 못한 '백선(Dictamnus dasycarpus)'은 높은 산보다는 낮은 곳의 숲 가장자리 초원 등에 흔히 나는데, 원래 약재로 쓰였다. 민통선 지역의 풀숲에서 약초 채취하는 이들에게 뽑힐 염려도 없이 안전하게 모여 자란다.

백선

가지마다 층층으로 희고 누런 꽃이 많이 핀다 하여 이름 붙여진 '층층나무(Cornus controversa)'는 각처의 산에 흔히 자라지만 나무의 수형이 좋아 예부터 수난을 많이 당하고 있다. 인적이 드문 이곳에는 넓게 펼쳐진 가지 위에 흰 눈이 소복이 내려 앉은 듯이 초여름에 대단히 아름답게 피는 나무이다. 심산 지역의 숲 가장자리나 길가 초원에서 자라는 '검종덩굴(Clematis fusca)'은 꽃의 모양과 색깔이 혐오감을 줄 수 있는 독이 있는 덩굴이며 특히 휴전선 지역의 산에서 볼 수 있다.

봄부터 여름에 이르기까지 산골짜기나 높은 산 능선 부근에서 유난히 향기를

함박꽃나무

많이 뿜어대기 때문에 예부터 옥란(玉蘭), 목란(木蘭), 산목련(山木蓮)이라 부르는 '함박꽃나무(Magnolia sieboldii)'는 목련과의 나무로서, 다른 목련속(屬)이 낮은 데서 잎이 나오기 전에 꽃봉오리가 먼저 터지고 향기를 뿜으며 큰 꽃이 피는 데 비해, 함박꽃나무는 산 높은 데서 자라고 봄에 잎과 새순이 나와서 그 끝에 순백색의 함박 모양의 아름다운 꽃을 피워 초여름의 온 산에 향기를 뿌린다. 이 꽃이 피면 온갖 벌나비와 벌레들이 모여든다. 이들은 향로봉, 건봉산, 금강산의 높은 곳을 따라 백두대간으로 이어지며 분포하는 아름다운 우리 꽃 중 하나이다.

바위 곁에 붙어서 작고 노란 꽃을 많이 피우는 돌나물보다 훨씬 가녀린 풀 '바위채송화(Sedum yabeanum)'는 중부 지방의 높은 산에서 볼 수 있지만 특히

털쥐손이   곰취

노루삼   종덩굴

왼쪽 · 백당나무
오른쪽 · 요강나물

휴전선 지역의 향로봉, 대암산, 건봉산 등지의 높은 바위 곁에 많이 핀다.
향로봉의 높은 고원지 초원 및 구룡령(九龍嶺), 대관령까지 산 능선을 따라 분포하는 '털쥐손이(Geranium eriostemon)'는 북녘으로는 낭림산맥, 부전고원, 백두산까지 고원을 따라 분포한다. 풀 전체에 뿌연 흰 털이 많이 나고 꽃은 화려하지 않지만 손바닥 모양의 가지런한 풀잎이 특징이다. 고원지에서 큰 군락을 이루고 자라는 고산식물이다.

각처의 깊은 산에서 자라는 '개회나무(Syringa reticulata)'는 이곳 향로봉 산기슭에서도 늦은 봄 아름다운 향기를 내뿜는다.

그밖에 '노루삼(Actaea asiatica)', '종덩굴(Clematis fusca var. violacea)', '곰취(Ligularia fischeri)' 등이 있으며 구릿대, 여로, 파란여로, 궁궁이, 함박꽃나무, 백선, 백당나무, 털쥐손이, 요강나물, 동자꽃, 패랭이꽃, 둥근이질풀, 분홍바늘꽃, 산오이풀, 금강초롱꽃 등 수많은 꽃들이 형형색색으로 피어 여름의 향로봉 정상 부근은 모두 다 꽃밭이 된다.

[가을] 가을로 접어들면서 희귀식물인 '왜솜다리(Leontopodium japonicum)'가 길가의 언덕을 흰색으로 뒤덮는다. 왜솜다리의 군락지가 있는 곳은 이곳 향로봉만이 아닌가 싶다.

향로봉의 야생화 군락

'흰진범(Aconitum longecassidatum)'은 여름부터 가을에 많이 피어나며 맹독성 식물로서 휴전선 지역 중부전선에 이르기까지 깊은 산골짜기에서 발견된다.

정상 부근 넓은 초원에 단풍이 물들 즈음이면 '금강초롱꽃'이 많이 피어난다. 금강초롱꽃은 산에 따라 그 모양과 색깔이 조금씩 다르기도 한데 근자에는 연한 붉은색의 꽃이 발견된다.

이 식물은 대개는 깊은 골짜기나 높은 산의 구름 속에 가려져 습도가 충분히

왼쪽 · 왜솜다리
오른쪽 · 흰진범

왼쪽 · 금강초롱꽃
오른쪽 · 흰금강초롱꽃

유지되는 숲속이나 바위틈에서 자라는 강인한 풀이다. 금강산에서 발견되고 자랐으며, 우리 고유의 초롱(청사초롱) 모양과 닮았다 하여 금강초롱꽃이라 부르는 이 꽃은 대표적인 야생화 가운데 하나이다.

이 꽃은 8월에 많이 핀다. 향로봉 숲속에서 넓은 군락을 형성하고 모두 피어나면 흡사 아이들이 청사초롱을 하나씩 들고 숲속을 거니는 것처럼 아름다운 광경을 연출한다. 낮은 곳에서 피는 꽃은 크고 색깔이 연한 반면, 높은 곳의 꽃은 색깔이 뚜렷하며, 동해바다 쪽에서 피는 것은 연약해보인다. 30여 미터의 높은 바위 난간 틈새에 뿌리내리고 겨울에도 풍한(風寒)과 싸우며 여름에 유유히 꽃을 피운다.

많은 사람들이 가을이면 산에 올라 머루와 다래를 따먹는다고 말하지만 다래덩굴이 어떻게 생기고 꽃이 어떻게 피는지는 별로 아는 사람이 없다. 전국의 심산 지역에는 다래덩굴이 흔히 자라지만 특히 민통선 지역이나 더 깊은 휴전선 지역에는 줄기 속에 숨기고 피어난 '다래(Actinidia arguta)'를 볼 수 있

금강초롱꽃

세잎종덩굴

다. 우거진 나뭇잎 속에 숨어 검은 꽃밥을 많이 달고 피어나는 다래꽃은 가을의 전선 산기슭에 주렁주렁 풍성한 다래 열매를 매달고 자란다. 근자에 도회지에 나오는 다래는 일찍 그 맛이 들기도 전에 따가지고 오기 때문에 떫기만 할 뿐 정작 다래의 새콤하고 담백한 맛을 느낄 수 없다. '세잎종덩굴(Clematis Koreana)' 은 희귀한 종으로 중부 지방의 깊은 곳, 특히 향로봉 지역의 산에서 볼 수 있다.

우리나라 태백산맥의 높은 봉우리를 따라 제주도의 한라산에까지 자라는 '마가목(Sorbus Commixta)' 은 넓은 잎에 탐스런 많은 꽃을 피우고 가을이면 붉은 열매를 맺는다. 나무 자체에 그윽한 장미의 향(香)이 있어 예부터 이 나뭇가지를 쪼개어 차(茶) 대용으로 끓여 먹기도 한다.

[가을 끝, 겨울] 산 윗지역의 약간 메마른 곳에서는 '구절초(Chrysanthemum zawadskii var. latilobum)' 와 '산구절초(Chrysanthemum zawadskii)' 가 가을을 대표하는 꽃으로 무리지어 피어나고 이들과 같이 참당귀, 꽃며느리밥풀, 잔대, 모싯대 등 수많은 가을꽃이 피어

나며 마지막으로 '수리취(Synurus deltoides)'와 '고려엉겅퀴(Cirsium setidens)' 등이 피어나면 아침저녁으로 흰서리가 내린다.

추운 겨울에 높은 산의 참나무, 오리나무 등의 높은 가지에 철새의 둥지 모양으로 자라는 식물로 '겨우살이(Viscum album)'가 있다. 이 식물은 다른 식물에 뿌리를 내리고 사는 기생(寄生)식물로서 여름에는 다른 나뭇잎에 가려 태양을 받지 못하기 때문에 자라지 않고 휴면에 들어가 있으나 가을 나뭇잎이 떨어지면 파란 줄기 끝에 녹황색의 아주 작은 꽃을 피우며 겨울 동안 구슬 모

산구절초   수리취

양의 투명하고 연한 황색의 열매를 맺는다. 대단한 지능을 가진 이 식물은 한겨울 먹이를 구하기 어려운 시기에 철새들의 맛있는 먹이가 되는데, 이 열매 속에는 아주 끈끈한 점액이 들어 있다.

철새들이 열매 몇 개를 깨서 먹다보면 입 가장자리에 작은 겨우살이 씨와 점액이 끈끈하게 붙어 여간하여 벌어지지 않기 때문에 다른 나무의 가지에 앉아서 나무 껍질에 대고 입을 닦는데 이때 끈끈한 액에 묻어 있는 씨가 같이 나무의 껍질에 붙어 다시 그 나뭇가지에서 싹이 트게 된다. 철새를 이용하여 번식 수완을 발휘하는 재치 있는 식물이다.

향로봉은 우리나라 식물의 보고(寶庫)라 할 만큼 아름답고 희귀한 식물들이 자라는 중요한 지역이며, 수려한 자연과 더불어 오소리, 너구리, 멧돼지 등 야생동물에게 서식지를 제공한다. 또한 높은 산 고원에서 서식하는 온갖 아름다운 나비들의 천국이기도 하다.

위 · 겨우살이 열매
아래 · 향로봉의 너구리
옆면 · 산제비나비(위), 큰표범나비(아래)

대암산 용늪

동 부 전 선 의   야 생 화

해발 1,304.9미터의 대암산(大岩山)은 소위 '펀치볼'이라 불리는 해안분지(亥安盆地)를 둘러싸는 가장 큰 봉우리로 1973년에 천연기념물 제246호로 지정된 천연보호구역(天然保護區域)이다.

강원도 인제군 서화면과 북면, 양구군 동면에 걸쳐 광활한 산줄기를 이루고 있는 대암산은 항상 운해(雲海)에 봉우리가 가려져 여름철에는 좀처럼 그 모습을 보여주지 않는다.

또한 대암산의 표고(標高) 1,200미터 지점 정상 바로 밑 동쪽 계곡으로 '큰용늪'이라 부르는 평평하고 커다란 늪지가 형성되어 있다. 늪의 길이 297미터, 단경(短徑) 225미터의 달걀 모양 같은 이 늪지는 우리나라 남한 쪽에 있는 유일한 고층습원지(高層濕原地)이다.

용늪은 '삿갓사초(Carex dispalata)'의 큰 군락이 늪지를 덮고 있으며 이들 삿갓사초의 군락지 사이에서 비로용담, 끈끈이주걱, 제비동자꽃, 숫잔대, 도깨비엉겅퀴, 진범, 큰방울새난, 조류나물 등과 더불어 꽃창포, 바이칼꿩의다리 등이 삿갓사초 위로 고개를 내밀고 여름철에 많은 꽃을 피운다. 또한 이 늪지에는 이들 꽃들과 더불어 두꺼비, 도롱뇽 등 많은 양서류가 서식하며, 곤충들도 많은 종이 서식하고 있다.

염려되는 것은 이렇게 중요한 늪지가 매년 그 기능을 잃어간

삿갓사초

대암산의 운해

다는 것이다. 산 정상 부근의 능선 쪽에서는 여름의 우기 때에는 많은 토사(土沙)가 흘러들어 차츰 늪지의 면적을 좁히고 이에 따라 늪이 조금씩 파괴되어 가는 실정이다. 또 오래 전에 인위적인 큰 둑이 만들어지면서 깊게 패여 늪의 물이 가운데 도랑을 통해 급속도로 빠져나가 갈수록 메말라가고 있다. 때문에, 여름에 가뭄이 계속될 즈음에는 바닥의 끈끈이주걱들이 말라 죽는 현상도 일어나고 있다.

이 용늪이 원래의 기능을 유지하려면 우선 가운데의 둑이나 도랑을 원래대로 평평하게 복원하고 물이 빨리 빠져나가지 않도록 해주어야 할 것이다. 또 많

오른쪽 위부터 아래로 · 대암산 용늪 봄,
가을, 겨울
아래 · 대암산 용늪(여름)

비로용담　흰비로용담

큰방울새난　끈끈이주걱

꽃창포

진범

바이칼꿩의다리

위 왼쪽·두꺼비
위 오른쪽·물두꺼비
아래 왼쪽·네발나비
아래 오른쪽·제2줄나비

은 사람들이 무질서하게 드나드는 것을 제한하여 지정된 곳으로만 드나들 수 있도록 해야 한다.

대암산 정상 부근은 초여름까지도 서늘한 기운이 느껴지고 8월 하순, 9월 초순이면 이미 가을꽃들이 모두 개화하고 겨울 준비에 들어가는, 그다지 높지 않지만 고산지 같은 기온을 나타내는 곳이다. 이로 인해 이곳 대암산 정상 부근에는 멀리 북녘의 백두산에서 피는 꽃과 금강산 등지의 깊은 산에서 자라는 귀한 고산식물들이 대군락을 이루어 어디에서도 보기 드문 아름다운 광경을 보여준다. 또한 골짜기마다 울창한 숲을 이루고 자라는 나무들은 사람이 들어가기조차 어려울 정도로 원시림을 이룬다.

북방계 식물인 '애기기린초(Sedum middendorffianum)'는 남한에서는 대암산의 바위틈과 경기도 화악산의 높은 지대 바위틈에서만 유일하게 확인된다. 백두산의 고원지에 자라는 '구름패랭이(Dianthus superbus)', 한라산 정상 부근과 백두산 천지 부근에서 자라는 '닻꽃(Halenia corniculata)'은 오히려 이곳에서 더 많은 군락을 형성하며 자라고 있다.

더구나 금강산의 높은 곳에서 많이 나는 '솔체꽃(Scabiosa mansenensis)'은 대암산과 두솔산의 정상을 뒤덮을 만큼 많은 꽃을 피워 초가을에 이곳에 오르면 넓은 고원지의 평원에 자주색 옷감을 펼친 듯 아름다운 풍경을 이룬다.

애기기린초

닻꽃   구름패랭이

촛대승마   솔체꽃

4월 하순에도 이곳의 산은 눈과 얼음으로 뒤덮여 산을 오르기가 위험하지만 남쪽은 이미 나뭇잎이 움트기 시작하는 시기가 되어 눈과 얼음을 뚫고 뾰족한 참 모양의 꽃봉오리가 나와 화려한 아름다운 꽃을 피우는데 이 식물이 바로 '얼레지' 이다. 높은 지내 숲속에서 일제히 고개를 들고 꽃잎을 뒤로 날렵하게 올리고 피어나는 모습은 형언하기 어려울 정도로 아름답다.

솔체꽃 군락

얼레지는 백합과의 여러해살이풀로 옛날에는 뿌리를 녹말의 원료로 썼으며 지금도 강원 지방에서는 얼레지 봄나물을 산나물 가운데 일품으로 친다. 얼레지는 남해의 금산에서부터 북쪽으로 올라오면서 크고 높은 산 숲속에서 일찍 꽃을 피운다. 꽃잎 안쪽에 짙은 자주색의 W자(字) 무늬가 나 있고 풀잎에 연한 색으로 얼룩무늬가 있다.

백두산 숲속에서 자라는 '촛대승마(Cimicifuga simplex)' 는 특히 이곳 대암산 용늪 부근의 숲속에서도 많이 자라고 있다. 꽃차례가 위로 곧게 서고 많은 꽃이 달려 '촛대승마' 라는 이름을 가지게 된 고산식물이다.

'제비동자꽃(Lychnis wilfordii)'은 백두산의 늪지 부근에서 많이 자라지만 대암산 용늪에서도 군락을 이루고 자라며, 이외에 단 한 군데 대관령에 자라는 곳이 있을 뿐 그 분포지가 매우 좁은 귀한 풀이다.

왼쪽 · 제비동자꽃
오른쪽 · 도깨비엉겅퀴

'새끼꿩의비름(Sedum viviparum)'은 대암산이나 대우산 가칠봉의 정상 부근에서 점차 자취를 감추고 있다. 꿩의비름과 닮았지만 전체가 훨씬 왜소한 편이고 꽃 색깔은 꿩의비름과 비슷하다.

'긴잎나비나물(Vicia unijuga var. angustifolia)'도 간혹 자라고 있는데 나비나물과 같이 꽃이 핀다. '도깨비엉겅퀴(Cirsium schantarense)'는 대개는 백두산 지역이나 북쪽의 심산 지역에서 자라는 풀로 대암산의 용늪 안쪽과 주변에서 꽃이 핀다. 꽃이 엉겅퀴와 비슷하면서도 매우 불규칙한 모양에서 차이가 나며 이 때문에 '도깨비엉겅퀴'란 이름을 얻은 것 같다.

'흰잔대(Adenophora triphylla)'와 '요강나물(Clematis fusca)'은 대체로 흔하지 않은 식물이나 이곳에서는 볼 수 있다. 흰잔대는 순백색의 꽃이 피고 요강나물은 별로 아름답지 못한 꽃이 피기 때문에 이름도 그렇게 지어지지 않았나 싶다.

우리나라의 높은 산 정상 부근 습기 있는 산기슭 등에서 흔히 볼 수 있는 '박새'는 백합과의 유독성 식물로 이곳 대암산 용늪 주변에서도 많이 자라고 있다. 키가 큰 편이고 대개는 무리를 지어 많은 흰 꽃을 피운다. 여름 동안 고산지 정상 부근에서 늘 안개비 속에 가려져 꽃이 피는 풀이다.

'박새'와 같은 과(科) 같은 속(屬)의 유독성 식물인 '여로(Veratrum maackii var. japonicum)'는 기는 줄기에 아주 작고 짙은 자주색의 꽃을 피우며 중부와 북부 지방의 심산 지역에 나는 풀로, 한방 약재로 쓰인다.

예로부터 부인병(婦人病)의 명약으로 그 풀덩굴이 인삼(人蔘)에 버금간다 하여 지어진 '만삼'은 풀 전체에 희고 가는 털이 있고 향기가 많이 난다. 더덕하고 같은 속이고 모양도 비슷하지만 그 자라는 지역이 한계가 있기 때문에 매우 귀한 풀이다. 만삼이 꽃이 피면 향기가 유독 진해 온갖 벌들이 들끓는다. 꽃 모양도 더덕의 꽃과 같지만 꽃받침이 더덕보다 훨씬 크고 꽃의 색깔이 전체가 녹색인 것이 다르며 땅속의 뿌리는 깊이 30~40센티미터 이상 곧게 들어간다. 끈끈한 액체가 분출되는 뿌리에서도 향기가 대단하다. 근자에는 무절제한 채취로 인하여 대암산의 만삼도 갈수록 그 모습을 찾기가 어렵다.

'숫잔대(Lobelia sessilfolia)'는 중부와 북부 지방의 산골짜기 습한 곳에서 자라지만 근자에는 발견하기 어렵다. 백두산 등지의 습지나 특히 휴전선 지역의 대암산 습지에서 많이 자생하며 여름에 짙은 자주색의 꽃을 피운다.

숫잔대

긴오이풀

큰용담

검종덩굴

숲바람꽃　　큰구슬붕이

날개하늘나리　　꼬리조팝

예로부터 부인병의 보온(保溫) 약으로 널리 쓰여 왔으며 어미에게 이로운 풀이라 하여 약명을 선모초(仙母草)라 하고, 흔히 들국화라 불리는 구절초(九折草)와 같은 속의 '가는잎구절초(Chrysanthemum zawadskii HERB. sspacutilobum)'는 이곳에서는 다른 산의 것에 비해 꽃이 대단히 큰 편이고 꽃의 지름이 약 8센티미터 정도나 되어 식물을 탐사하는 사람들을 놀라게 한다. 크고 화려한 꽃은 순백색으로 청아하기 이를 데 없고 높이가 약 30센티미터 정도로 군데군데 무리지어 솔체꽃과 더불어 자란다.

'긴오이풀(Sanguisorba longifolia)'과 '가는오이풀(Sanguisorba tenuifolia var. alba)'은 특히 이 지역의 높은 곳에서 볼 수 있다. 다른 곳에서는 보기 어려운 풀들이지만 꽃이 화려하지 않기 때문에 사람들의 관심을 그다지 끌지 못한다.

'큰용담(Gentiana axillariflora var. coreana)'은 우리나라 남부와 중부 지방의 높은 산 초원에서 자라며 특히 대관령을 따라 높은 산 정상 부근에 피고 대암산 정상 부근의 초원에서도 화려한 꽃잎을 펼치는 아름다운 꽃이다.

산나물 중에서도 그 맛이 뛰어나 곰이 즐겨 먹는다 하여 웅채(熊菜), 일명 '곰취'라고 하는 풀은 전국의 심산 지역에 많이 나며 한라산에서부터 백두산에 이르기까지 높은 산의 정상 부근 약간 습기찬 곳에 많다. 휴전선 지역의 높은 고지 부근에도 많이 나며 대암산의 높은 곳에 큰 군락을 이루고 늦은 여름에 일제히 황금색 꽃을 피우면 넓은 초원이 황금물결을 이룬다. 이 나물은 독특한 향기가 있어 매우 호평을 받지만 그다지 많은 양이 나오지 않기 때문에 마른 곰취나물은 시중에서도 고가에 팔리고 있다.

대암산의 용늪에는 희귀한 흰색 꽃 '둥근이질풀'이 간혹 몇 그루 자라고 있는

범꼬리

데 이들은 매해 찾아갈 때마다 잊지 않고 아름다운 꽃을 피운다.

'숲바람꽃(Anemone umbrosa)'은 귀한 식물로 대암산과 향로봉의 숲속에서 나타나며 '검종덩굴(Clematis fusca)'도 자주 나타나는 편이다. '범꼬리(Bistorta manshuriensis)'는 여름에 대암산의 윗부분에서 큰 군락을 형성하고 아름답게 피어나며 우리나라 높은 산에는 대개 자라는 식물이다.

이 밖에도 이곳 대암산에는 잔대, 모싯대, 염아자, 송이풀, 흰송이풀, 금강초롱꽃, 참당귀, 동자꽃, 말나리, 날개하늘나리, 참취, 꼬리조팝, 돌바늘꽃, 수리취, 각시취, 쉬땅나무, 은방울꽃, 두루미꽃, 큰앵초, 감자난초, 복주머니꽃 등 아름다운 꽃이 많이 피어난다.

두솔산 양구

동 부 전 선 의 야 생 화

두솔산(兜率山, 해발 1,147.9미터)은 대암산에서 북쪽으로 이어지는, 일명 도솔산이라고도 불리는 산이다. 높이는 그다지 높지 않으나 식물상은 대암산과 쌍벽을 이루며, 칼날같이 날카로운 긴 능선으로 이어지는 봉우리가 특징적이다. 도솔산 지역은 지금은 양구군에서 넘어가는 큰길이 포장되어 옛날 같지 않다. 그러나 도솔봉(두솔산)으로 오르는 길목은 예나 지금이나 크게 달라진 것이 없다.

한국전쟁 당시 피의 격전지로 유명한데 수많은 병사들이 죽어 봉우리가 더욱 높아졌다는 이야기가 있을 정도로 유서 깊은 지역이다. 지금도 전적비가 우뚝 서 있는 두솔산 정상에는 산 곳곳에서 포성이 들리는 듯하다.

우리나라 중부 지방 각지에서 가장 먼저 피어나는 나리 중 하나인 '털중나리(Lilium amabile)'를 보면 감회가 남다르다. 어느 정열적인 병사가 산화하여 한 포기의 아름다운 나리꽃으로 다시 태어난 듯이 초여름으로 접어든 도솔봉에서 한껏 향기를 뿜어댄다.

얼기설기한 철조망 주변으로는 닻꽃, 송이풀, 투구꽃, 개박쥐나물, 꽃창포, 잔대, 곰취, 쑥방망이, 개미취, 동자꽃, 물양지꽃, 금강초롱꽃, 촛대승마, 노루오줌, 마타리 등 많은 야생화들이 피어난다.

이른 봄 잿빛 나뭇가지 밑에서는 가장 먼저 얼레지, 노루귀, 홀아비바람꽃 등이 피며 옹기종기 모여 자라는 작은 병아리 같은 풀 '노랑제비꽃(Viola xanthopetala)'도 일제히 피어나 봄을 알린다. 이들은 전국의 높은 산 길가나

위·도솔봉 전적비
아래·털중나리

나무 밑에 많이 자라는 제비꽃속에 속한다.

산꼭대기의 많은 바위 절벽에 납작 엎드려 자라는 '난장이바위솔(Sedum leveilleanum)'은 겨울 동안 모진 설한(雪寒)에도 끄떡 않고 여름으로 접어들면서 시커먼 바위를 치장이라도 하듯 하얗고 붉은 기가 도는 작은 꽃들을 피운다.

'배초향(Agastache rugosa)'은 전국적으로 분포하지만 특히 태백산맥을 따라 높은 곳에 길게 분포지를 형성한다. 이곳 휴전선 지역에도 많은 군락을 이

도솔봉 전경

루고 여름에 향기를 뿌리면 벌과 나비가 많이 찾아오는 꽃 중의 하나이다. 경상도 지방에서는 이 풀잎을 방앳잎이라 하며, 특히 생선 요리에 많이 사용하는 식용 산채(山菜)이다.

'넓은잎기린초(Sedum aizoon var. latifolium)'는 매우 희귀한 식물로서 휴전선 지역의 이곳 도솔산과 연천 지역의 대성산 등지에서 발견된다. 기린초에 비해 키가 작으며 잎이 넓고 꽃이 몇 송이씩만 달리는 것이 특징이다.

난장이바위솔

'나도옥잠화(Clintonia udensis)'는 우리나라 각지의 심산 지역 숲속에서 많이 자라며 북쪽으로는 백두산의 숲속에도 많이 자라고 잎의 모양 때문에 당나귀나물이라 불린다.

늦은 봄 또는 초여름에 접어들면서 많은 벌과 나비들을 불러들이는 '참조팝나무(Spiraea fritschiana)'는 이곳 휴전선 지역에 특히 많이 피어 향기를 뿜어댄다. '송이풀(Pedicularis resupinata)', '흰송이풀(Pedicularis resupinata var. albiflora)'은 대개는 전국 높은 산에 자생하지만 특히 휴전선 지역의 향로봉, 가칠봉, 대암산, 대우산과 이곳 도솔봉에도 많은 무리들이 자라고 여름에 한창 꽃을 피운다.

'강활(Ostericum praeteritum)'과 '흰꽃바디나물(Angelica decursiva for. albiflora)'은 이곳 휴전선 지역의 대암산과 도솔봉 지역에서 간혹 만날 수 있다.

넓은잎기린초

참조팝나무

 '눈빛승마(Cimicifuga davurica)' 역시 태백산맥의 깊은 지역과 이곳 휴전선 지역의 높은 곳으로 오면서 더 많이 나타나는 식물 중 하나이다. 두솔산으로 올라오는 메마른 길목에서 만난 귀한 식물 '쑥방망이(Senecio argunensis)' 는 이곳의 산길에서 겨우 명맥을 유지하고 있는 개체수가 아주 적은 풀 중의 하나이다.

 '구릿대(Angelica dahurica)' 는 미나리과의 풀이다. 대개 심산 지역의 습지 변에서 큰 키를 유지하며, 여름에 많은 꽃을 피우고 벌나비를 불러들이는 꽃이다. '꽃창포(Iris ensata var. spontanea)' 는 깊은 산골짜기 습기 있는 초원에 나며 일종의 붓꽃속으로 꽃잎은 붓꽃보다 넓고, 이곳에 피는 것은 색깔이 연한 것이 특징이다. '시호(Bupleurum falcatum)' 는 중부 지방의 심산 지역에서 흔히 나는 미나리과의 풀이며 특히 이 지역의 산에서 많이 볼 수 있다.

 '개미취(Aster tataricus)' 일명 '자원' 은 각처에서 자라지만 대암산과 두솔

위 왼쪽 · 나도옥잠화
위 오른쪽 · 송이풀
아래 · 흰송이풀

산에서는 대단위의 큰 군락을 형성하고 있다. 또한 다른 곳보다 꽃의 색깔이 연한 자주색으로 더욱 아름답다. 개미취는 우리가 흔히 먹는 산나물 가운데 하나이다. 우리의 산과 들에는 많은 취나물 종류가 자라지만 이 개미취는 높이가 적당하고 위에서 가지가 우산 모양으로 퍼지며 많은 꽃이 피는데 다른 국화류와 구별되는 것은 꽃잎의 가장자리가 약간 주름이 진 것이다.

한라산에서 북녘의 백두산에 이르기까지 높은 곳에는 쥐손이풀속이 많이 자라지만 백두산이나 낭림산 등지의 고원지에 나는 희귀종인 '꽃쥐손이풀(Geranium eriostemon var. megalanthum)'은 이곳의 높은 곳에서 그 아

강활

름다운 자태를 숲속에 감추고 꽃을 피운다. 쥐손이풀속 가운데 꽃잎의 모양이 가장 아름다우며 산 능선에 군락을 이루고 다른 풀과 같이 자란다.

'큰수리취(Synurus excelsus)'는 각처의 산에서 흔히 자라고 꽃이 핀 것인지 시든 것인지 구별이 힘들다. 꽃이 지고 나서도 겨울 동안 쓰러지지 않고 꽃대가 말라서 남아 있다. 국화과의 일종으로 산나물이고 풀잎에는 많은 섬유질이 함유되어 있어 잎 뒷면이 흰 솜 같다. 마른 것을 부수면 흰 솜 같은 것이 많이 나오며 강원 지방에서는 떡에 쓰인다 하여 '떡취'라고 부르기도 한다.

'닻꽃'은 꽃의 모양이 배의 '닻' 모양 같다 하여 붙여진 이름으로, 제주도 한라산의 고원과 백두산 고원에 분포하며 이곳 휴전선 지역의 대암산과 두솔산에서도 대규모 군락지가 발견되었다. 여름에 녹백색 꽃이 이상한 모양으로 피어나며 용담과의 희귀식물로서 불그레한 열매를 맺는다.

이름도 혐오감이 들며 모양도 무섭게 생긴 데다 맹독성을 품고 있는 미나리아재비과의 유독성 식물 '진범(Aconitum pseudo-laeve)'은 특히 휴전선 지역 향로

흰꽃바디나물

눈빛승마

쑥방망이

봉, 대암산, 두솔산, 대우산, 가칠봉 등에 집중적으로 분포한다. 여름에 벌레 모양의 짙은 자주색 꽃을 많이 달고 피어나는 덩굴로서 꽃에도 가는 털이 많이 나고 줄기가 덩굴같이 다른 나무에 기대어 자란다. 옛날에는 이 풀을 갈아 즙(汁)을 내어 사형장에서 사약(死藥)으로 쓰기도 했다는 지독한 독성이 있는 풀이지만 한방에서는 중요한 약재로 쓰인다.

꽃의 모양이 투구를 닮았다 하는 또 하나의 유독성 식물(미나리아재비과) '투구꽃(Aconitum jaluense)'은 각처의 깊은 산중에서 자라지만 특히 이곳 고지에서 피는 꽃은 더욱 용맹스럽게 보이며 둥글게 솟은 투구 모양의 윗포엽 속에 꽃잎과 꽃술을 감추고 있다.

'참당귀(Angelica gigas)'는 휴전선 지역의 건봉산, 향로봉, 가칠봉, 대우산, 대암산과 더불어 이곳 도솔봉에서 많이 볼 수 있다. '둥근잔대(Adenophora coronopifolia)'역시 향로봉, 가칠봉, 대암산 등에서 많이 볼 수 있는 초가을의 꽃이다.

한방에서는 초오(草烏)라는 이름으로 귀하게 쓰이며, 독성은 있지만 꽃이 크고 그 모양과 풀의 높이가 적당하여 관상용으로 개량하여 집안에 심으면 좋은 관상초가 될 수 있다.

휴전선 지역에 걸쳐 있는 양구군은 모두가 전방인 셈이다. 1987년 휴전선 학술조사 이후 지금까지 15년 동안 매년 한두 차례씩 양구를 찾았는데, 이곳 응

개미취

왼쪽 · 참당귀
오른쪽 · 둥근잔대

덩이에 남아 있던 식충식물(食蟲植物) 통발은 온데간데없고, 지금은 그 웅덩이에 공장이 들어섰다.

'통발(Utricularia japonica)'은 고여 있는 웅덩이 등에 자라며, 물속 잔뿌리에 달린 포충대로 미생물을 잡아먹고 사는 식충식물이다. 대암산 용늪에 북통발이 자라고 있었으나 근래에는 잘 볼 수 없다.

'개느삼(Echinosophora koreensis)'은 우리나라 특산물로서 이 식물의 분포지 남방한계선이 이곳 양구 지역이다. 휴전선 이북 지방에 잘 자라는 북방계 식물로서 환경부의 보호식물이며 양구 지역 한정된 곳에 적은 수의 나무가 자라고 있다.

'참좁쌀풀(Lysimachia coreana)'은 우리나라의 특산종으로서 중부 이북 지방의 높은 곳에 많이 자란다. '세잎꿩의비름(Sedum verticillatum)'도 중부 이북 지방의 산골짜기에서 많이 자라는 식물이며 그 개체수가 그다지 많지 않다. '노랑물봉선(Impatiens nolitangere)'은 각지의 산골짜기에서 많이 자라는 풀이지만 이곳 양구 지역에서는 더 많은 군락을 이루고 있다.

'오미자(Schisandra chinensis)'는 이곳 휴전선의 지뢰 지역에 많이 자라고 있기 때문에 사진 촬영이 쉽지 않으며 늦은 여름에 작은 꽃을 피우고 가을에는 붉은 포도송이 같은 열매가 달린다.

'각시둥굴레(Polygonatum humile)'는 전국적으로 흔히 볼 수 있지만 이곳 철조망 가까이에서 군락을 이루고 자란다.

이곳 양구 지역은 식물의 보고라 할 만큼 식물상이 좋은 곳이다. 하지만 제한된 지역에서 활동할 수밖에 없으며 더구나 위험한 지역에서 식물탐사 작업을 한다는 것은 어쩌면 생명 보따리를 내걸고 작업하는 것이나 다름없다. 아쉬운 점은 불과 15년이 지난 지금 다시 들어가보면 예전에 귀한 식물이 있었던 곳들이 모두 파괴되거나 없어지고 그 식물의 그림자조차도 볼 수 없다는 것이다.

통발

개느삼

참좁쌀풀

세잎꿩의비름

위 왼쪽 · 노랑물봉선
위 오른쪽 · 오미자
아래 · 각시둥굴레

대우산   동부전선의 야생화

대우산(大愚山, 해발 1,178.5미터)은 대암산과 두솔산, 가칠봉에 이어지는 중간 지점에 위치하는데, 그 산세가 대단히 웅장하고 자연 경관이 수려하다. 많은 동식물군이 서식하는 곳으로 대암산과 같이 대우산 천연보호구역으로 지정되어 있다.

산기슭에는 한국전쟁의 잔해로 부서진 소련제 탱크가 방치되어 있으며 고지 주변 철조망 사이로 쥐오줌풀, 곰취, 동자꽃, 모싯대 등이 피어난다.

산 정상 부근에는 많은 운해에 힘입어 초본류(草本類)들이 큰 군락을 이루며 자란다. 초여름에는 봄에 노란꽃을 많이 피워낸 '민들레(Taraxacum mongolicum)'가 벌써 뿌연 털을 송글송글 펴내면서 낙하산 모양의 날개 밑에 작은 씨를 매달고 남풍을 따라 나부낀다. 그 밖에 잔대, 송이풀, 꿀풀, 꽃층층이, 각시취, 눈개승마, 큰앵초, 금강초롱꽃 등 많은 꽃이 봄부터 가을이 다 갈 때까지 계속 피어난다.

넓고 수려한 산골짜기나 산기슭에 봄이면 백당나무, 각시괴불, 구슬댕댕이, 골병꽃나무, 붉은병꽃나무, 매자나무, 철쭉, 고광나무, 물참대 등이 꽃을 피우고 향기를 뿜어댄다. 이 가운데 귀한 종인 '흰병꽃나무(Weigela florida for candida)'가 근자에 발견되었는데, 휴전선 밖에서는 발견되지 않았으나 이곳 비무장지대 숲 속에서 무리를 지어 많은 꽃을 피우고 있다.

흰병꽃나무와 더불어 '각시괴불(Lonicera maackii)'도 가까운

옆면 · 대우산 야생화 군락(여름)
아래 · 지뢰 표지판

흰병꽃나무

곳에 자라고 있다. 같은 성(姓)의 병꽃씨라 할까 사람을 말하자면 김씨, 이씨, 박씨, 조씨 등 갖가지 성씨들이 모여서 군락을 이루지만 대개는 이들도 사람과 같이 자기의 집안격인 같은 속끼리 모여서 자라는 경향을 보인다.

초여름에 발견되는 또 하나의 흰꽃 군락 '민백미꽃(Cynanchum ascyrifolium)'은 다른 곳에서도 많이 볼 수 있지만 이곳 휴전선 지역까지 대식구가 모여들어 여기 대우산의 초원에서도 순백의 천사옷 모양으로 가녀린 꽃을 피운다.

'구슬댕댕이(Lonicera Vesicaria)'도 흰병꽃과 같은 과의 집안이며 희귀종이다. 자연경관이 수려한 곳에서 자라는 이 나무는 꽃 모양은 인동꽃과 비슷하게 생겼지만 털이 더 많다.

'미역취(Solidago virga-aurea var. asiatica)'는 각처에서 흔히 나고 가을에

노란색의 작은 덩어리꽃이 많이 달리는 일종의 산나물이다. 대개는 한군데에 모여서 꽃이 피며 지방에 따라서 이 풀은 산나물로도 먹는다. 이곳의 산에 특히 대군락을 형성하고 초여름에 많은 꽃을 피워 화원을 방불케 한다. 숲 사이로는 암꿩이 여러 마리의 병아리 같은 새끼를 이끌고 모이를 찾는 모습도 보인다.

또 하나의 희귀 변종식물인 '흰색동자꽃(Lychnis Cognata)'은 아직 학계에서는 미기록종이다. 꽃의 모양이 뱀이 입을 벌린 듯하고 풀잎 모양이 배추잎 같다 하여 '산뱀배추' 일명 '참배암차즈기(Salvia chanroenica)'라고 하는 풀은 태백산맥의 높은 능선을 따라서 많이 분포한다. 향로봉, 대암산, 두솔산, 대우산 이외 지역에서는 깊고 높은 곳에 자라며 꽃 모양이 특이한 편이다.

'당잔대(Adenophora stricta)'는 산에서 흔히 볼 수 있지만 이곳 휴전선에서 피어나는 것들은 꽃의 색깔이 더욱 아름답고 모양도 뚜렷하여 다른 곳과 비교가 되지 않는다.

5월부터 붉그레한 꽃을 피우며 풀뿌리에서 노루의 오줌 냄새가 난다 하여 '노루오줌(Astilbe chinensis var. davidii)'이라 하는 범의귀과의 풀은 봄부터 가을에 이르기까지

위 · 대우산 목책
아래 · 대우산의 봄

낮은 데서부터 점점 높은 곳으로 올라가면서 꽃이 핀다. 꽃의 색깔도 고도가 높아질수록 더 붉은빛을 띤다. '노루오줌' 뿐만 아니라 '숙은노루오줌(Astilbe koreana)'은 일상적으로 우리나라 중부 지역의 초원에도 많이 자라고 있다. 8, 9월 휴전선 고지의 평원에 이들 노루오줌풀이 큰 군락을 이루고 많은 꽃을 피우면 바로 이것이 대자연의 동산이구나 하고 느껴질 만큼 사람을 매료시킨다. 이들 노루오줌풀과 같이 군락을 이루는 것들로 붉은색의 말나리, 동자꽃, 연분홍색의 솔나리, 검솔나리, 노랑색의 물양지꽃, 물레나물, 고추나물, 참배암

왼쪽 · 노루오줌
오른쪽 · 숙은노루오줌

대우산 전경

차즈기, 홍색의 둥근이질풀, 꽃쥐손이풀, 구름패랭이, 흰색의 참취, 자주색의 금강초롱꽃, 잔대 등이 있다. 바로 휴전선 지역의 대우산, 대암산, 향로봉이 아니면 그 어느 곳에서도 보기 어려운 풍경이다.

'매발톱꽃(Aquilegia buergariana var. oxysepala)'도 역시 대암산, 두솔산과 더불어 대우산, 가칠봉, 두타연 지역까지 흔히 나타나며 다른 지역에 비해 색깔이 짙다.

'병조희풀(Clematis heracleifolia)'은 중부 이북의 심산 지역에 많이 나타나며 '토현삼(Scrophularia koraiensis)'은 휴전선 지역의 동부전선 깊은 산골짜기에 많이 치우쳐 자라지만 휴전선 이외의 지역에서는 드물게 나타난다.

각시취

매발톱꽃

좀쥐손이

'좀쥐손이(Geranium tripartitum)'는 대우산 지역의 산 윗부분 초원을 덮고 자라고 있으며 다른 곳에 비해 월등히 많은 개체군이 분포한다.

'각시취(Saussurea pulchella)'는 휴전선 지역뿐만 아니라 우리나라 백두대간을 따라 강원도 산간 지역의 높은 곳에 많이 자라고 있다. 이곳 철조망 가에서 가을을 맞이하는 꽃은 옛날 산화한 어느 병사의 아내가 각시취로 환생하여 병사들의 넋을 기리는 듯 느껴져 애처로워 보인다.

한약재로 흔히 쓰이는 당귀(當歸)라는 미나리과의 식물로, 전체적으로 향기가 많이 나는 풀 '참당귀'는 둥글고 검은 자줏빛의 꽃을 많이 달고 피어난다. 당귀는 농가에서 재배도 하며 늦가을까지 꽃을 많이 피우고 특히 꿀벌들이 많이 모여들어 꿀을 따는 일종의 약재이다. 이곳에서는 개당귀가 같이 섞여 자라는데 그 모양이 같아 구별하기 힘들 정도이다. 특히 대우산 능선에는 '가는잎구절초'가 순백의 꽃들을 많이 피워 산의 초원을 흰색으로 휘감는다.

위 · 병조희풀
아래 · 토현삼

왼쪽 · 멧노랑나비
오른쪽 · 호랑거미

이들과 같이 '고려엉겅퀴'와 '흰꽃바디나물' 등은 많은 꽃을 피우다가 마지막 가을을 재촉하는 찬바람에 시들기 시작한다. 특히 '매자나무(Berberis koreana)'는 봄에 노란 꽃을 많이 피우지만 저물어가는 가을에는 누런 나뭇잎 사이로 붉은 포도송이 같은 열매를 많이 매단다.

7~9월까지 이 산에 많은 꽃이 피면 나비들이 찾아온다. 꽃을 보호하듯 아니면 꽃사진을 찍는 데 훼방이라도 놓듯 큰 날개를 가진 사향제비나비, 긴꼬리제비나비 등 수많은 나비들이 곰취, 당귀 등의 꽃에 모여든다.

가칠봉 동부전선의 야생화

가칠봉(加七峰, 해발 1,242.2미터)은 해안분지를 둘러싸고 가장 북쪽에 위치한 산으로, 북한측과 불과 700여 미터의 거리에서 대치하고 있는 최전선 고지이다. 바로 앞 밀림이 우거진 비무장지대에서는 대남방송의 확성기 소리가 늘 요란하다.

육안으로도 식별되는 건너편의 스탈린 고지에는 북한 장병들의 움직이는 모습과 '세금 없는 나라', '무료교육' 등의 커다랗게 씌어진 선전문구가 큰 봉우리를 어지럽게 덮고 있다.

바로 앞 600여 미터 지점에는 '자주' 라는 글씨의 섬뜩한 붉은 푯말이 우뚝 세워져 있고, 그 뒤로 북한의 철조망을 따라 군데군데 있는 북한군 초소에는 작업중인 병사들이 이쪽에서 카메라를 들이대자 놀라 쳐다본다.

위 · 가칠봉 표석
아래 · 스탈린 고지의 북한 장병들
옆면 · 가칠봉의 여름

이곳에서 동북쪽으로 멀리 북한 지역을 바라보면 구름이 없는 맑은 날에는 아름다운 금강산의 비로봉이 한눈에 들어온다. 뒤로는 해안분지가 내려다보이고 대우산과 바로 이어지는 곳이다. 설(說)에 의하면 금강산 봉우리 중의 하나라 일컬어지기도 한다.

가칠봉의 식물상은 대우산과 대암산 도솔봉과 거의 비슷하게 나타나며 향로봉

가칠봉에서 본 금강산

에 분포하는 왜솜다리 그리고 각시취, 마타리, 산구절초, 금강초롱꽃, 곰취, 송이풀, 둥근이질풀, 기린초 등이 대개 같이 자라고 있다.

'솔나리(Lilium Cernum)'는 백합과의 희귀한 야생 나리 가운데 하나로 휴전선 이남 지방에서는 찾기 어려운 식물이다. 예전에는 많이 자랐으나 무절제한 채취로 인하여 지금은 거의 자취를 감추었다. 그러나 이곳 비무장지대 안의 초원에는 여러 포기가 군락을 이루고 '검솔나리(Lilium eernum)'와 같이 자라며 여름의 운해 속에서 날렵한 꽃잎을 뒤로 둥글게 말아 올리고 연분홍색의 짙은 자줏빛 반점이 난 아름다운 꽃을 피운다.

정상 부근 메마른 곳에는 '서양민들레(Taraxacum officinale)'가 침투하여 온통 바닥을 덮고 초여름에는 비무장지대를 향하여 홀씨를 날려 보낸다. '새며느리밥풀(Melampyrum setaceum var. nakaianum)'은 붉은색의 꽃을 피우고 마치 휴전선을 지키는 병사들같이 철조망 가에서 자주 만날 수 있다.

솔나리

검솔나리

서양민들레

새며느리밥풀

전호

누룩치

'금강초롱꽃'도 대개는 철조망 부근의 바위틈에서 종 모양의 꽃을 달고 피어난다. 비무장지대 철책선 안쪽이나 바깥쪽으로는 많은 꽃들이 피어나며 특히 여름에 키가 높게 자라는 것들이 앞다투어 핀다.

다른 꽃들에 비해 훨씬 큰 키로 꽃을 피우는 '전호(Anthriscus sylvestris)'와 '누룩치(Pleurospermum camtschaticum)'는 이 지역을 더욱 아름답게 한다. 특히 이 지역은 겨울에는 눈이 많이 쌓여서 일반인은 들어가기 어려운 지역으로 여름에도 그다지 더위를 느끼지 못하는 곳이다. 또한 여름철에는 대암산, 향로봉, 두솔산, 대우산과 같이 항상 구름에 가려 있어 식물탐사하기가 어려운 지역이다.

가칠봉 북쪽의 철조망 가 언덕에는 통일의 메시지라도 날려 보내는 듯 많은 민들레들이 뿌연 씨앗의 날개를 펴고 북녘의 하늘로 높이 날아가는가 하면,

가칠봉의 야생화

철조망 지뢰밭 근처에는 산속의 어여쁜 색시처럼 '큰각시취(Saussurea japonica)'가 자주색의 고운 꽃송이들을 여러 개씩 달고 천연덕스레 피어 있다. 큰각시취는 태백산맥의 높은 봉우리를 따라 자라지만 특히 가칠봉에 핀 꽃은 색깔이 더욱 짙고 뚜렷하다.

'둥근잔대'는 향로봉, 대암산, 대우산 등지에서도 같이 자라고 작은 종 같은 예쁜 꽃을 조랑조랑 달고 붉은색, 홍색, 청자색, 연한 자주색 등의 꽃으로 숲 속을 더욱 아름답게 꾸며준다. 설악산의 암벽에 조금 남아 가까스로 그 명맥을 유지하고 있는 한국특산식물인 솜다리(에델바이스)와 같은 속의 '왜솜다리'는 중부 지방의 소백산 정상 부근에서 그 명맥을 유지하고 있는데, 휴전선 지역의 향로봉 정상 부근에서는 대군락을 형성하여 여름에는 초원을 온통 회색으로 덮어놓는다.

이곳 가칠봉 정상 부근도 이들 '왜솜다리' 식구들이 전지역을 차지하고 있는데 여름에는 솜으로 뭉쳐 만든 것 같은 회색빛의 왜솜다리꽃이 이슬을 방울방울 매달고 장난기 어린 소녀들같이 길가 풀숲에 피어난다.

큰나무 하나 없는 삭막한 산 정상의 풀숲에서 커다랗고 가느다란 줄기 끝에 흰 꽃을 여러 개 달고 허리 굽혀 피어나는 '눈빛승마'도 드문드문 잡초 사이에서 꽃을 피운다.

이들과 더불어 흰구름이 덮이는 것이 싫어서인지 약간 내려와 산골짜기의 도랑가 숲 가장자리에서 황금빛 고깔 모양의 꽃을 피우는 '노랑물봉선'은 가을이 올 때까지 계속 고운 꽃을 피우고 열매 꼬투리를 맺는다. 사람이 접근하면 씨앗이 먼저 터져버리는데 매우 탄력적으로 터지는 씨는 멀리까지 튕겨나가 번식하게 된다. 사람이 오는 것을 싫어하는 식물 가운데 하나여서 꽃말도 '나에게 가까이 오지 마세요'라고 한다. 예부터 물봉선류는 모두 염료재로 쓰였으며 유독성 식물이다.

이들 꽃들은 떠들어대는 대남방송과 몰려오는 운해 등과 때로는 숨바꼭질하고 때로는 같이 웃으며 피는 듯하다. 봄, 여름, 가을이 지나고 접시 모양의 해안분지에 흰구름이 가득 담겨지면서 가칠봉의 한 해는 저물어가고 얼어붙은 북녘 땅에 복음을 전하는 정상의 크리스마스 트리가 반짝거리면 모든 자연은 깊은 동면으로 빠져들게 된다.

가칠봉의 겨울, 철책을 지키는 병사들.

동부전선의 야생화

DMZ의 8월. 가칠봉.

해안분지와 두타연

동 부 전 선 의   야 생 화

해안분지는 대암산, 대우산, 두솔산, 가칠봉 등의 큰 봉우리가 둥글게 병풍처럼 둘러싸여 일명 '펀치볼'이라 부르는 곳으로, 평평한 고운 밀가루를 주먹으로 내려치니까 사방으로 둥글게 퍼져 접시 같은 모양이 되었다는 뜻을 갖는다. 이곳은 남북으로 약 8킬로미터, 동서로 약 6킬로미터의 타원형 분지이며 해안분지의 제일 낮은 곳은 평지(平地)가 해발 500미터이고 분지벽(盆地壁)이 1,000미터가 넘는 높은 산지이다.

옛날에는 이곳 분지 안에 사람이 들어가기 어려울 정도로 뱀이 많아서 이것을 해결할 목적으로 어느 대사가 뱀이 가장 싫어하는 돼지 해(亥) 자를 붙였다고 한다. 그래서 원래는 해안분지(海岸盆地)로 표기되어야 하는 것이 '해안분지(亥安盆地)' 즉 돼지 해(亥) 자와 편안할 안(安) 자로 바꾸어 쓰게 되었으며, 그래서인지 뱀들이 모두 없어지고 이후로 그 마을이 지금까지 편안하게 되었다는 설이 있다.

넓은 분지 안에서는 많은 작물이 재배되고 있으며 들녘의 색깔은 약 15마일마다 다른 색으로 변한다. 주변이 여러 산으로 둘러싸여 있어 식물상은 비슷한 편이지만, 약간 낮은 분지인 관계로 휴전선 이남

해안분지에서 촬영중인 필자

3월의 해안분지

의 강원도 산골과 크게 다를 바 없다.

봄이면 산뽕나무, 뽕나무, 찔레, 진달래, 철쭉, 산철쭉, 생강나무 등이 나타나고 '고광나무(Philadelphus schrenckii)' 등도 산기슭에 많이 나타난다. 숲속에는 노랑제비꽃, 금강제비꽃, 태백제비꽃과 더불어 '고깔제비꽃(Viola rossii)'들도 옹기종기 모여 꽃을 피운다. '꿀풀(Prunella vulgaris var. lilacina)'은 전국적으로 산과 들에 흔히 나는 풀이며 이곳 민통선 마을의 길가 초원에도 많은 꽃을 피운다.

여름으로 접어들면서 숲 가장자리나 밭둑에는 '금꿩의다리(Thalictrum rochebrunianum)', '사위질빵(Clematis apiifolia)' 등이 꽃을 피우고 향기를 뿜어대는 사이에 산기슭 숲속에는 '다래'가 잎으로 꽃을 감추고 향기만 뿜

대암산에서 본 해안분지 전경

고광나무　고깔제비꽃

꿀풀　사위질빵

어댄다. 초가을이 되면 달콤한 다래(열매)가 열려 맛좋은 산과일을 먹을 수 있다.

'벌깨덩굴(Meehania urticifolia)'은 중부 이북의 산 속에 특히 많이 나며 봄나물로 많이 먹는다. 봄꽃이지만 높은 곳은 6월에 꽃이 핀다. 전국적으로 자라며 식물을 건드리면 누린내가 난다 하여 '누린내풀(Coryopteris divaricata)'이라 하는 꽃은 이곳 휴전선 지역에서는 약간 낮은 곳에서 여름에 꽃을 피우고 있다.

'물봉선(Impatiens textori)'과 흰물봉선, 노랑물봉선도 이곳 냇가에서 많이 자라고 꽃을 피운다. 물봉선 무리들은 전국적으로 많이 볼 수 있는 가을 꽃이다. '눈괴불주머니(Corydalis ochotensis)'는 전국의 산골짜기 습기 있는 곳에서 자라며 이곳 해안분지의 도랑가 등 습기 있는 초원에서 휴전선의 마지막 가을 꽃으로 가녀리게 피어난다.

이들 식물들은 내가 휴전선을 찾을 때마다 항상 만날 수 있었지만, 근래 들어 휴전선 지역에 관광지를 조성하려는 움직임과 함께 이 지역의 생태계 보존을 걱정하는 소리도 커져가고 있다.

가칠봉 밑 비무장지대 부근의 명소 두타연(頭陀淵)은 금강산 쪽의 맑고 깊은 계곡에서 내려오는 물이 모여 못을 이룬 곳이다. 깊고 넓은 못과 20여 미터의

위 · 금꿩의다리
아래 · 다래

누린내풀   물봉선

왼쪽 · 벌깨덩굴
옆면 · 눈괴불주머니

천연동굴이 있으며 부근 높은 봉우리의 암벽에는 천연기념물인 '검독수리'의 서식지가 있다. 휴전선 지역 중 가장 수림이 우거지고 자연경관이 빼어난 곳 중의 하나이다.

안쪽에는 34번 국도 금강산 가는 길이 분단점에 이르고 누가 세웠는지 모를 이끼 낀 비석이 길 가운데 서 있다. 비로 위 고개를 넘으면 금강산으로 들어가는 국도이련만 더 이상 갈 수는 없다. 금강산 가는 길의 이정표라도 되는 듯 커다란 키에 꽃도 줄기도 노란 '마타리 (Patrinia scabiosaefolia)'가 외롭게 길목을 지키고 있다.

깊이 9미터 안팎의 두타연에는 지금도 천연기념물로 지정된 열목어가 많이 서식하고 있고, 위쪽의 물웅덩이들에도 역시 많은 열목어가 서식한다. 이곳의 시냇물은 금강산에서 비무장지대의 철조망을 통과해서 내려오는 맑고 깨끗한 물이다. 비무장지대의 철조망 가에도 봄이 오면 졸졸 흐르는 시냇물 소리와 함께 갯버들의 꽃이 피어나고 숲속 그늘에는 왜현호색, 얼레지, 복수초, 연복초, 홀아비바람꽃, 참개별꽃, 중의무릇, 할미꽃, 민들레, 괭이눈, 가지괭이

왼쪽 · 두타연 폭포 전경
위 · 금강산 고갯길의 이끼 낀 비석
아래 · 두타연의 야생화 군락

마타리

눈, 벌깨덩굴 등이 앞다투어 꽃대를 내밀고 작은 꽃들을 피운다. 덩굴이 나무로 올라가며 꽃을 피우는 '등칡(Aristolochia manshuriensis)'은 잎과 줄기가 칡을 닮았기 때문에 이름이 등칡이다. 하지만 성분은 칡하고는 전혀 다른 유독성 식물이므로 주의가 요망되며 꽃의 모양이 색소폰 같다.

'쥐방울덩굴(Aristolochia contorta)'도 등칡과 같은 무리이며 약용식물로 많이 쓰인다. 숲 가장자리 또는 냇가의 나무에 매달려 작고 요염한 꽃을 피운다. 이 꽃에는 곧 밤알만한 열매가 열리며 꽃에 비하여 열매가 크고 겨울에 낙하산 모양으로 갈라져 씨가 나온다. 쥐방울덩굴은 중부 지방 깊은 곳에 많이 나며 등칡은 백두대간의 깊은 산중 숲 가장자리에서 많이 나고 남쪽으로는 태백산, 함백산에도 많이 자생한다.

두타연을 중심으로 각 계곡 하천변의 습지에는 많은 희귀식물이 자란다. 늪지에서 아름다운 꽃을 피우는 '통발'과 여름에 흰잠자리 모양의 꽃을 피우는 '잠자리난초(Habenaria linearifolia)'가 대표적이다.

또한 희귀식물이 되어버린 난초류가 있다. 금강산 골짜기의 늪지와 경기도 한 곳의 늪에서만 자라던 것으로 이곳 비무장지대 늪에서 다시 만날 수 있는 '해오라비난초(Habenaria radiata)'이다. 햇빛이 비치는 풀숲 습지에서 가녀린 꽃을 피우는데 해오라비 새가 나는 듯한 모양을 하고 있다.

등칡

쥐방울덩굴

잠자리난초

'참비비추(Hosta clausa)'도 숲 가장자리 냇가에서 눈물을 머금은 듯한 꽃망울을 터뜨리고 있고, 하천변의 초원에서는 산나리 가운데 그 모양이 가장 화려한 '털중나리', '중나리' 등이 날렵한 꽃잎을 뒤로 젖히고 매우 정열적이고 아름다운 모습을 보여 준다.

설악산 한계령, 향로봉 등에서 드물게 발견되는 '흰금강초롱꽃(Hanabusaya asiatica for. alba)'도 이곳 숲속에서 많이 볼 수 있지만 숲이 너무 우거지고 위험지대라 좋은 사진을 얻기는 힘들다. 외지에서 들어와 강원도 동부 내륙 지방, 경기도까지 분포하는 '전동싸리(Melilotus suaveolens)'도 이곳 휴전선 지역 깊숙한 곳까지 들어와 노란 꽃을 피운다.

'종덩굴'은 각지의 깊은 산에 나지만 이곳의 숲 가장자리에서도 열매가 매달린 듯 짙은 자주색 꽃을 피운다. '궁궁이(Angelica polymorpha)'는 각처의 심산 지역 산골짜기 냇가 근처에 흔히 나며 이 지역의 냇가 부근 습지에서도 많이 자라고 그윽한 향기를 뿜어대어 휴전선의 온갖 벌과 나비들을 모아들인다.

'기린초(Sedum kamtschaticum)'는 전국적으로 메마른 바위 틈이나 돌밭에 많이 자라는 식물이며 이곳의 철조망 가에서도 흔히 볼 수 있다.

'산옥잠화(Hosta longissima)'는 통상적으로 깊은 산골짜기의 냇가 바위틈 등에 잘 자라는 식물이며 이곳의 냇가에는 더 많이 자생하고 있다. '물레나물(Hypericum ascyron)', '염아자

산옥잠화　　물레나물

위 · 꿩의비름
왼쪽 · 기린초

'(Phyteuma japonicum)' 등은 전국적으로 흔히 나타나는 꽃이지만 비무장지대에서 피는 꽃은 더욱 더 애절한 느낌을 준다. '큰제비고깔(Delphinium maackianum)'은 백두대간의 높은 산에서 간혹 나타나는데 이곳 두타연 지역의 숲속에 자라는 것은 아주 건강하고 꽃의 색깔도 더욱 아름답다.

'꿩의비름(Sedum erythrostichum)'은 전국적으로 많이 피어나는 가을 꽃이며 이곳의 비무장지대에서도 향기를 뿜어대고 온갖 벌과 나비들을 불러들이고 있다.

이 오염되지 않은 깨끗한 계곡에 많은 꽃이 계속 피어나면 온갖 곤충 따위가 모여들기 마련이고, 이 곤충을 먹고 사는 또 다른 곤충이 있기 마련이다. 호랑무늬의 호랑거미도 그 중의 하나. 열심히 거미줄을 치고 흰 글씨라도 쓰는 듯 부지런히 움직이는 모습에서 자연이 살아 있음을 실감한다.

위 · 큰제비고깔
아래 · 염아자
옆면 · 두타연의 왜현호색과 얼레지 군락

큰원추리는 높은 산의 초원에서 철조망이
가로막힌 것을 한탄이라도 하듯
아침에 노란 꽃을 피웠다가 오후에는 꽃이 시들면서
실바람에 이리저리 흔들린다.
이곳 민통선 지역에서도 이렇듯 많은 아름다운 꽃들이
봄부터 가을까지 계속 피고 지며
전선을 아름답게 수놓는다.

수상리 평화의 댐 지역

중부전선의 야생화

수상리·천미리·평화의 댐
백암산·적근산
대성산·복주산·광덕산
철원 월정리·정연리·갈말읍

수상리 천미리 평화의 댐

중부전선의 야생화

평화의 댐 지역은 강원도 화천군의 화천호(華川湖), 파로호(破虜湖)의 상류에 위치하고 있다. 북쪽에 금강(金剛)댐이 건설됨으로 인하여 그 대응책으로 건설되었다.

1987년 민통선 북방지역 종합학술조사 당시에는 평화의 댐 안쪽 깊은 계곡으로 흐르는 큰 하천이 있었다. 안쪽은 행정구역상으로 수상리(水上里)라 하였고, 댐으로 수몰된 바깥쪽은 천미리(天尾里)라 하였다. 하천에는 많은 은모래

평화의 댐 수상리 조사단

위 · 평화의 댐 DMZ 경계병
아래 · 수상리 백사장

가 쌓여 있고 물이 맑아서 물속으로 큰 민물고기가 다니는 것을 육안으로 볼 수 있었는데, 약 15년이 지난 지금은 모두 사라지고 그 당시 촬영한 사진으로나 볼 수 있다.

이 깊은 계곡 숲속에는 천마, 얼레지, 동의나물, 물양지꽃, 노루귀, 천남성, 괭이눈, 가지괭이눈, 눈빛승마, 눈개승마, 각시붓꽃, 양지꽃, 돌양지꽃 등 일반적으로 깊은 산골짜기에 나는 식물들이 많이 자라고 있었으나 위로 높은 지대는 위험지대이기 때문에 들어갈 수가 없었다.

그때 조사단에 합류하지 못했다면 수상리 계곡이 얼마나 아름다운지 알지 못했을 것이다. 당시 넓은 모래땅 위에는 가운데 물이 흐르는 곳을 빼고는 온통 '메꽃(Calystegia japonica)'으로 뒤덮여서 산 위에서 내려다보면 밤하늘의 은하수처럼 보였다. 이 꽃은 원래 저지대의 습한 곳에서 흔히 자라는데, 이처럼 수십만 평의 넓은 땅을 뒤덮고 자라는 것은 이곳 수상리 강바닥에서나 볼 수 있다. '갯버들(Salix gracilistyla)'은 전국적으로 냇가에 많이 자라는 식물로서 이곳에도 봄이 되면 강아지 같은 털을 듬뿍 뒤집어쓴 꽃이 핀다.

산자락 낮은 곳이나 냇가 낮은 초원에는 꿀주머니를 매단 채 고개를 숙이고 요염하게 피어나는 '매발톱꽃'이 여기저기 피어난다. 이 꽃은 대개 깊은 산속의 초원에서 자라는 귀한 식물이다.

위 · 메꽃 군락지
아래 · 메꽃

134

'초롱꽃(Campanula punctata)'은 중부 지방의 경기, 강원, 충북, 경북 지방 등 낮은 곳에 흔히 나지만 특히 휴전선 지역의 향로봉, 건봉산, 대암산, 대우산, 가칠봉과 이곳 등에서는 낮은 데서부터 고지에 이르기까지 많은 군락을 이루고 꽃을 피운다. 꽃에도 털이 많아 아침이면 이슬 방울이 많이 맺히는 이 꽃은 여러 개가 밑을 향해 달려 종 모양으로 피며 특히 휴전선 안쪽에서 피는 것들은 꽃이 큰 것과 길다란 것, 순백색과 연한 녹색 등 조금씩 모양과 색을 달리한다.

우리나라 각 지방의 깊은 산골짜기에서 나는 봄 산나물 가운데 그 향기가 가장 으뜸 가는 산나물로 우리와 친숙한 '참나물(Pimpinella brachycarpa)'은 이곳 숲속에서도 '노루참나물'과 같이 눈에 띈다. 인적이 드문 곳이기에 그대로 자라다보니 가을이면 많은 꽃을 피워 향기를 뿜는다.

위 · 천마
아래 · 갯버들

숲 가장자리의 약간 습기 있는 그늘진 풀숲에서 연한 자주색의 꽃을 피우는 '비비추(Hosta longipes)'도 다른 꽃에 질세라 많은 꽃을 달고 옆으로 향하여 꽃잎을 빙긋이 벌린다. 비비추는 화단에 심기도 하는 흔한 풀이지만 사람의 간섭을 받지 않고 자라는 이곳의 비비추는 더욱 청아한 맛을 풍긴다.

당개지치

홀아비꽃대

족도리풀

산기슭 나지막한 곳에서 순백색의 탐스런 꽃을 뭉게구름처럼 피우는 '백당나무(Viburnum sargentii)'는 관상용 나무로서 초여름에 많은 꽃이 핀다. 가을이면 붉은 포도송이 같은 열매가 맺히는데 초겨울 눈이 올 때까지 그 수정같이 맑은 열매를 달고 있다.

'고광나무(Philadelphus schrenckii)'는 관상수로 쓰일 만큼 아름다운 나무로 여름에 순백의 매화 같은 꽃이 많이 피는데 향기를 퍼뜨리면 많은 벌나비가 몰려드는 좋은 나무이다.

주로 북쪽 지방의 깊은 산골짜기에 분포하므로 남쪽에서는 대단히 귀한 '큰제비고깔'은 미나리아재비과의 식물로서 보랏빛의 아름다운 꽃 모양이 고깔 같다. 양지바른 언덕의 작은 풀밭에서 새끼줄 같은 꽃대에 매달려 햇볕에 더욱 요염한 분홍빛의 야생 난초 '타래난초(Spiranthes amoena)'가 이곳 깊은 골짜기에서는 더욱 깨끗하고 힘이 있는 느낌을 준다. '꿩의다리(Thalictrum aquilegifolium)'도 이곳 숲속이나 초원에서 가늘고 긴 줄기를 내밀고 꽃을 피우고, '차풀(Cassia mimosoides)'도 길가 풀숲에서 샛노란 작은 꽃을 풀잎 뒤로 감춘 채 가녀리게 피어난다. 양귀비과의 연약한 풀 '산괴불주머니(Corydalis speciosa)'가 늦은 봄의 산자락에서 다른 꽃에 질세라 황금색의 많은 꽃을 달고 피어난다.

'홀아비꽃대(Chloranthus japonicus)'는 깊은 산골짜기에 많이 나지만 휴전선 지역 특히 양구 두타면 지역과 이곳 수상리 지역에는 더 많이 자라고 있다. '족도리풀(Asarum sieboldii)'과 '당개지치(Brachybotrys paridiformis)'도 다른 지역과 마찬가지로 흔히 볼 수 있는 야생화들이다. 우리나라 대개는 중부 지방 심산 지역에 많이 자라는 야생 난초 '개불알꽃(Cypripedium

위, 옆면 · 개불알꽃

macranthum)'은 이곳의 숲속에도 많이 자라고 꽃의 색깔이 더욱 짙게 피는 것도 있으며 이름을 부르기가 좀 나쁘다 하여 일명 복주머니꽃, 복주머니난, 주머니꽃 등으로 부르기도 한다. 모양에 비해 향기가 좋지 않으며 때문에 강원 산간에서는 소오줌통꽃이라 부르기도 한다.

'물참대(Deutzia glabrata)'는 숲 가장자리에 흔히 나타나는 나무이다. 그리고 '산꼬리풀(Veronica rotunda var. subintegru)'은 중부 지방의 심산 지역 산지 초원에 자라는 식물이며 여름에 많은 꽃을 피우기 때문에 관상용으로 심기도 한다.

'하늘말나리(Lilium tsingtauense)'와 '패랭이꽃(Dianthus sinensis)'은 전국적으로 많이 나타나는 야생화이며 여름 꽃을 대표하는 꽃 중의 하나이다. 또한 '큰원추리(Hemerocallis middendorfii)'는 우리나라 북쪽의 백두산까지 높은 지대의 초원에서 흔히 자라는 야생화이다.

산꼬리풀　물참대

하늘말나리　패랭이꽃

화천호는 파로호로 더 알려진 곳으로 전국의 강태공들이 즐겨 찾는 호수이다. 그 어느 호수보다 맑은 물을 유지하고 있어 지금도 이곳에는 많은 관광객이 다녀가고 있다. 그래서인지 이곳도 옛날 같은 청정한 맛은 잃어가고 있다.

큰원추리

백암산 적근산

중부전선의 야생화

백암산(白岩山, 해발 1,173미터)과 적근산(赤根山, 해발 1,073미터)은 민통선 안쪽에 위치한 큰 산들이다. 이 지역은 겨울철이면 기온이 많이 내려가고 적설량이 많은 곳으로 향로봉, 가칠봉 등과 같이 휴전선의 손꼽히는 고지들이다. 봄눈과 얼음이 녹기 시작하면서 산기슭 낮은 곳에서는 파릇파릇한 새싹이 나오지만 5월의 봄답지 않게 때때로 눈이 내려 진풍경을 연출하는 곳으로 낮은 곳의 푸르름과 높은 곳의 흰 눈 덮인 것을 보면 외국의 어느 고원지를 보는 느낌마저 들게 한다. 화천의 파로호 전적비, 굉음을 내며 물길을 토해내 강으로 흘려보내는 거대한 호수의 물과 더불어 이곳 민통선 지역의 숲속에도 어김없이 작은 풀들이 큰나무가 잎이 나기 전에 옹기종기 모여 형형색색의 작고 귀여운 꽃들을 피워낸다. 현호색, 산괴불주머니, 얼레지, 뫼제비꽃, 생강나무, 진달래, 냉이, 꽃다지, 참개별꽃, 할미꽃, 고깔제비꽃 등 많은 꽃들이 피어나기 시작하면 산은 하루가 다르게 푸르게 푸르게 우거지기 시작한다.

숲이 우거지기 시작하면 그늘 속에서 커다란 높이에 꽃을 통 속에 숨기고 피어나는 유독성 식물 '두루미천남성(Arisaema heterophyllum)'이 많이 자란다. '큰엉겅퀴(Cirsium pendulum)'는 대관령 지방에서부터

위 · 파로호 전적비
아래 · 백암산 DMZ의 봄

142

화천댐 방류

북쪽의 제일 높은 곳 백두산까지 자라는 풀인데 이곳 내륙의 깊은 곳에서도 온몸에 부드럽고 흰 작은 털을 뒤집어쓰고 부끄러워 고개를 숙인 듯 고개를 떨구고 연한 분홍색의 꽃을 피운다.

'흰그늘돌쩌귀(Aconitum uchiyamai for. alblflorum)'는 북쪽 지방에서 자라는 희귀한 식물이지만 이곳 숲속과 남쪽으로 복주산, 광덕산까지 그 분포지를 넓히고 가을에 순백의 투구 같은 아름답고 청아한 꽃을 피운다.

풀을 건드리면 누린내가 몹시 나는 '누린내풀'은 꽃잎보다 휘어진 꽃술이 더 잘 보이는 작은 꽃이다. 꽃은 냉이 같고 잎은 미나리를 닮아서 그 이름이 붙여진 '미나리냉이(Cardamine leucantha)'는 산골짜기의 습기 있는 초원에서 큰 군락을 이루고 자란다.

'앉은부채(Symplocarpus renifolius)'는 이른 봄에 꽃이 피며 손바닥과 같은 큰 포엽에 자줏빛의 얼룩무늬가 나 있다. 이 포엽 속에 도깨비 방망이 같기도

위, 아래 · 삼지구엽초

하고 거북의 등 같기도 한 자줏빛의 둥근 꽃잎이 있는데 노란 꽃밥을 달고 여러 개가 사방으로 나와 있는 것이 특이하다. 이 꽃은 유독성 식물이며 꽃이 먼저 눈과 얼음을 뚫고 뾰족하게 나와 있으면 어느새 곰, 멧돼지, 산토끼 등이 찾아와서 포엽은 그대로 두고 속에 들어 있는 둥근 꽃만 따먹고 가버리기 때문에 이 꽃이 피어 있을 때 짐승의 발자국이 나 있으면 이미 꽃을 찾아다니는 사람이 한발 늦어서 빈 포엽만 남아 있기 일쑤이다.

음양곽(淫羊藿)이라 하여 지금까지도 남성들 사이에서 천하의 정력제로 알려진 '삼지구엽초(Epimedium Koreanum)'는 이름 그대로 가지가 3개이고 잎이 9개인데, 잎 모양이 흡사 심장처럼 생겼다. 심산 지역의 숲속 그늘에서 나며 이른 봄 다른 풀보다 앞서 나와 닻 모양의 꽃이 피는 풀이다. 근자에는 무절제한 채취로 인하여 야생종은 찾기 어려운 지경에 이르렀다. 이와 비슷한 풀로 '산꿩의다리'와 '꿩의다리아재비' 등이 있다.

'괭이눈(Chrysosplenium grayanum)'은 포엽과 꽃잎이 같은 노란색으로 골짜기 습기찬 곳에 흔히 나며 꽃이 지고 늦은 여름에 씨가 열리면 고양이가 햇볕에서 눈을 감은 듯한 모양이라고 해서 이름이 지어졌다고 한다.

'태백제비꽃(Viola albida)'은 중부 지방의 각처에서 나며 이른 봄에 흰꽃이 핀다. 이곳에서부터 남쪽으로 복주산, 광덕산, 백운산에 이르기까지 높은 골짜기의 숲속에는 '홀아비바람꽃(Anemone narcissiflora)'과 '쌍둥이바람꽃(Anemone rossi)'이 많은 꽃을 피운다.

'산수국(Hydrangea macrophylla)'은 각처에서 흔히 나지만 이곳과 복주산, 광덕산, 화악산 등지에서 나는 것들은 꽃의 색깔이 보다 짙은 색이거나 혹은 백색이며 꽃도 아주 작은 것이 있다.

탐스런 꽃을 피우는 '숙은노루오줌'은 이곳에서부터 남쪽으로 화악산에 이르기까지 많이 분포하고 있다.

괭이눈

위 · 태백제비꽃
아래 · 산수국

위 · 홀아비바람꽃
아래 · 쌍둥이바람꽃

중부천선의 야생화 147

냉초

'물양지꽃(Potentilla cryptotaeniae)'은 심산 지역에서 많이 나며 이곳 휴전선 지역의 산 습기 있는 곳에서는 대군락을 형성하여 초가을까지 황금색의 작은 꽃들이 숲속을 환히 밝혀 준다.

꽃잎에까지 털이 길게 나고 연약한 듯 요염한 꽃을 피우는 작은 풀 '절국대(Siphonostegia chinensis)'는 초가을에 꽃이 핀다. 심산 지역 숲 가장자리에서 많이 나는 '산외(Schizopepon bryoniaefolius)'는 특히 휴전선 지역의 숲에서도 많이 나고 작은 대추알만한 맑은 수정 같은 열매를 달고 있는 독성이 있는 식물이다. 숲 가장자리 약간 습기 있는 데서 많이 자란다.

'냉초(Veronica sibirica)'는 대개 높은 산 초원에서 자라며 휴전선 각처의 높은 고지에서도 여름에 하늘색의 많은 꽃이 핀다. 꽃이 하늘을 향해 핀다 하여, 또한 꽃과 풀잎이 말나리를 닮았다 하여 이름 지어진 '하늘말나리(Lilium tsingtauense)'는 이곳 휴전선 지역에서는 더욱 붉은색으로 아름답게 핀다. 하늘색 꼬리 모양의 꽃차례에 작은 꽃이 많이 모여 달려서 청아하게 피어나는 '산꼬리풀'은 휴전선 지역에서 많이 볼 수 있는 꽃이며 화악산까지 널리 퍼져 있다.

꽃받침 잎은 연한 홍자색이며 꽃술은 황금색이고 꽃잎은 없는 꺽다리에 멋없이 피어나는 작은 꽃 '금꿩의다리'는 여러 곳에서 흔히 나지만 특히 이 지역의 낮은 들이나 산기슭에서 많이 볼 수 있다.

'큰원추리'는 높은 산의 초원에서 철조망이 가로막힌 것을 한탄이라도 하듯 아침에 노란 꽃을 피웠다가 오후에는 꽃이 시들면서 실바람에 이리저리 흔들

산외

흰털괭이눈

나도개감채

덩굴개별꽃

린다. 이곳의 민통선 지역에서도 이렇듯 많은 아름다운 꽃들이 봄부터 가을까지 계속 피고 지며 전선을 아름답게 수놓는다.

'나도개감채(Lloydia triflora)', '덩굴개별꽃(Pseudostellaria davidii)', '흰털괭이눈(Chrysosplenium barbatum)'도 흔히 나타나고 있다. '삿갓나물(Paris verticillata)'은 이름만 나물이지 독성분이 있어 먹을 수 없으며 농약 등의 재료로 쓰며 각지의 산에서도 흔히 볼 수 있다.

'동의나물(Caltha palustris var. membranacea)'도 각지의 산골짜기 물가에서 흔히 자라는 야생화이다. 동의나물도 먹을 수 없으며 근래에는 관상용으로 심기도 하며 대개 군락을 이루고 자란다.

'백작약(Paeonia japonica)'은 원래는 전국의 심산 지역 숲속에 많이 자랐으나 무절제한 채취로 인하여 지금은 그 개체수가 아주 적어져 찾아보기 어려운 지경에 이르렀다.

'빗살현호색(Corydalis turtschaninovii var. pectinata)', '개별꽃(Pseudostellaria heterophylla)'은 전국 각지의 산에서 흔히 볼 수 있으며 이곳의 산지에도 많이 자란다. '는쟁이냉이(Cardamine komarovi)'는 중부 이북의 깊은 산골짜기 습기 있거나 물이 흐르는 도랑 주변 등에 자라는 식물이다.

봄 늦게부터 황금색의 꽃이 피기 시작하여 여름까지 계속 피어나는 꽃 '애기똥풀(Chelidonium majus var. asiaticum)'은 이곳의 낮은 지대에서 자라며 깊은 숲속에는 '피나물(Hylomecon

위 · 동의나물
아래 · 삿갓나물

백작약

붉은가시딸기(곰딸기)

개별꽃

위 왼쪽 · 빗살현호색
위 오른쪽 · 애기똥풀
아래 · 나도송이풀

vernale)'이 황금색으로 꽃을 피운다.

'붉은가시딸기(Rubus phoenicolasius)'는 일명 '곰딸기'라 한다. 각지의 심산 지역에서 자라고 붉은 털 같은 가시가 많이 난다.

'나도송이풀(Phtheirospermum japonicum)'은 전국적으로 길가 초원이나 산지에 자라며 가을 늦게까지 꽃을 피운다. 이곳에서는 낮은 곳은 일반적인 식물들이 분포하지만 높고 깊은 곳은 북방계 식물들이 많이 자라는 것이 특징이다.

느쟁이냉이

대성산
복주산
광덕산

중 부 전 선 의   야 생 화

대성산(大成山, 해발 1,175미터), 복주산(福柱山, 해발 1,152미터), 광덕산(廣德山, 해발 1,046미터)은 1987년 조사 당시는 광덕산과 복주산 지역도 일부가 민통선 지역으로 되어 출입이 제한되었으나 지금은 대성산을 제외한 지역은 민간인 출입이 허용되고 있다.

이들 지역은 희귀식물의 보고라 할 만큼 식물상이 좋았으나 많은 사람들이 드나들면서 파괴되어 지금은 예전과 같지 않으며 이 지역은 복수초, 연복초, 모

대성산 전경

대성산 들녘의 아침

데미풀, 얼레지, 흰얼레지, 감자난초, 큰앵초, 금강제비꽃, 고깔제비꽃, 족도리풀, 너도바람꽃, 만주바람꽃, 덩굴개별꽃, 개별꽃, 금강애기나리, 피나물, 나도양지꽃, 홀아비꽃대, 개불알꽃, 천마, 소경불알, 는쟁이냉이, 붉은참반디, 당개지치, 미치광이풀, 노랑미치광이풀, 토현삼, 큰연영초, 동의나물, 나도개감채, 흰진범, 누룩치, 구릿대, 백작약, 노랑하늘말나리 외에도 많은 희귀식물군이 분포한다. 하지만 민통선이 해제됨으로 인해 이들 희귀식물들이 큰 수난을 당하는 계기가 되었다.

금강산으로부터 서남쪽으로 뻗어내려오는 광주산맥(廣州山脈)의 매우 중요한 지점으로 휴전선 접경지역인 광덕산까지 포함하여 중요한 식물군이 분포되어 있다.

지금까지 그리고 휴전선 지역에서 대암산이 고층습원지를 포함하여 식물의 보고라 한다면 아마도 그 다음은 이 지역 광덕산, 복주산, 대성산으로 이어지는 깊은 골짜기와 높은 봉우리가 아닌가 싶다.

광덕산과 복주산 사이의 계곡은 매우 깊고 수려하며 습기 또한 풍부한 곳으로 대단히 광활한 수림지를 이루고 있다. 여름에도 서늘한 기온을 유지하고 더구나 5월까지 많은 눈이 내리며 겨울에도 많은 적설량을 유지하는 곳이다. 낮은 지대 평지가 해발 600여 미터이며 가을이 훨씬 빨리 오고, 거의 눈과 얼음이 있는 상태의 봄에서 곧 여름으로 넘어가는, 내륙 지방에서는 특이한 현상을

보이는 곳 중의 하나이기도 하다. 이 때문인지 북쪽 지방에 많이 자라는 귀한 종(種)들이 자주 눈에 띄고 더구나 한국 특산종이나 멸종 위기의 희귀종도 대단히 많이 자라는 곳이다.

금강산, 무산, 가칠봉, 백석산, 백암산, 적근산, 대성산, 복주산, 광덕산, 화악산, 명지산 등의 큰 봉우리로 이어지는 내륙 중심의 대들보 같은 광주산맥의 이 지점은 동해안 쪽 태백산맥의 등줄기 격인 건봉산, 향로봉, 미시령, 칠절봉, 설악산 대청봉, 한계령, 오대산, 대관령으로 이어지는 그 곳과 비교될 수 있는 생태자원이 매우 풍부한 지역이기도 하다.

이른 봄 눈과 얼음 속에서 솟아나와 황금색의 꽃이 피는 '복수초(Adonis amurensis)'는 대단히 큰 군락을 형성하고 눈과 얼음 속에서 꽃을 피워 눈색이꽃, 얼음새꽃이라 부르기도 한다. 이들 복수초와 같이 눈 속에서 순백의 꽃을 피우는 작고 아름다운 희귀종 풀 '모데미풀(Megaleranthis saniculifolia)'은 깊은 골짜기의 습지변에서 자라며 여름에 열매가 열리고 죽어가는데, 대개는 아담한 배추 포기처럼 군데군데 모여서 자란다. 환경부에서 보호받는 종 가운데 하나이며, 이 지역에서는 곧 사라질 위기에 처해 있다.

또 하나 '너도바람꽃(Eranthis stellata)'이 높은 곳의 골짜기 습기 있는 눈 속에서 꽃송이를 내밀고 피어난다. 얼레지 가운데 흰꽃이 피는 '흰얼레지

위 · 복수초
옆면 · 복주산의 겨울

(Erythronium japonicum)'도 눈이 쌓인 상태에서 자주색 얼레지꽃들 사이에 아름답게 피어난다.

이 밖에 현호색, 처녀치마, 미치광이풀, 앉은부채, 괭이눈, 참개별꽃, 꿩의바람꽃, 태백제비꽃 등이 눈 속에서 꽃이 핀다. 다른 지역에서 볼 수 없는 기현상을 보여주는 아름다운 꽃들이다. 원래 금강산에서 자라고 풀잎이 머우잎 같다 하여 일명 '머우제비꽃'이라 불리는 '금강제비꽃'도 큰 군락을 이루고, 높은 곳의 숲속에서 일제히 피어나며 꽃의 색깔이 연한 황록색인 것도 더러 있다. 제비꽃 가운데 가장 풀잎이 큰 이 금강제비꽃은 희귀종으로 잘 볼 수 없다.

너도바람꽃

'족도리풀(Asarum sieboldii)'은 약 이름으로 세신(細辛)이라 불리기도 하는 작은 풀로 꽃의 모양이 전통 혼례식에서 새색시 머리 위에 얹는 족두리 같다 하여 그 이름이 붙여졌다. 녹색 풀잎에 자주색의 꽃이 피는데, 이 지역 숲속에서는 전체가 자주색으로 된 '자주색족도리풀'도 자라고 있다.

풀잎이 땅속에서 나올 때 둥글게 말려서 나오면 그 모양이 고깔 모양과 같다 하여 이름이 붙여진 제비꽃속의 '고깔제비꽃'은 이른 봄 진달래꽃과 같이 작은 붉은색의 꽃이 핀다. '참개별꽃'은 숲속에서 눈이 있을 때부터 작은 꽃을 피우는 희귀종으로 작은 별 모양의 흰 꽃이 핀다.

'덩굴개별꽃(Pseudostellaria davidii)'은 숲속 습기 있는 풀밭에서 많이 자라

모데미풀

흰얼레지

며 작은 별 같은 흰 꽃이 핀다. 금강산에서 발견되고 자랐다 하여 이름 붙여진 특산식물 '금강애기나리'는 높은 곳의 숲속 그늘에서 작은 꽃잎에 흑자색의 반점이 나 있는 꽃을 줄기 끝에 달고 있다.

이 지역과 백운산, 명지산, 광릉 지역의 숲속에서 가장 많이 퍼져 자라는 풀로, 줄기를 자르면 등황색의 유액이 나와 이름이 지어진 '피나물'은 숲속을 온통 뒤덮고 봄에 황금색의 아름다운 꽃을 피우는 유독성 식물이다.

피나물과 같은 속의 식물인 '매미꽃(Hylomecon hylomeconoides)'은 음습한 숲속에서 피나물꽃이 거의 다 질 무렵 다시 황금색의 꽃을 피우는 같은 양귀비과의 유독성 식물이며 피나물보다 그 종이 귀하다.

꽃과 풀잎의 모양이 양지꽃과 닮아서 그 이름이 지어진 '나도양지꽃(Waldsteinia ternata)'은 극히 제한된 곳에서 자라는 귀한 종이지만 이곳 숲속에서는 큰 군락을 이루고 황금색의 작은 꽃을 피운다.

홀로 외로이 핀다고 해서 이름 붙여진 '홀아비꽃대'는 이곳 숲속에서도 많은 군락을 이루고 실오라기 같은 연약한 흰 꽃을 피운다.

'감자난초(Oreorchis patens)'는 그늘진 숲속에 많이 모여 황금색의 꽃잎을 달고 연한 분홍빛의 혓바닥을 내미는 것처럼 귀엽게 피는 야생 난초이다. '큰앵초(Primula jesoana)'는 향로봉에 이어 이곳 산 정상 부근 숲속에서도 많이 자라고 있다.

땅속에 골프채 모양의 괴근(덩이뿌리)을 가지고 있으면서 잎은 비늘 모양이고 꽃도 단지 모양으로 피어나는 야생 난초의 하나인 '천마(天麻, Gastrodia elata)'가 숲속 비옥한 땅에서 자라며 여름에 꽃이 핀다. 약재로 쓰이는 난초 가운데 하나라서 사람이 가는 곳이면 큰 수난을 겪는 희귀종이다.

'는쟁이냉이'는 산골짜기 냇가 부근의 습지에서 여름에 흰 꽃을 많이 피우는 십자화과의 풀

나도양지꽃

감자난초

위 오른쪽, 아래 · 큰앵초

붉은참반디   참꽃마리

이고, '붉은참반디(Sanicula rybriflora)'는 이 지역의 높고 깊은 산기슭 습기 있는 숲속에서 짙은 자줏빛의 가녀린 꽃을 피우는 흔치 않은 풀이다.

'당개지치'도 골짜기의 숲속 습기 있는 곳에서 가녀린 자주색 꽃을 피우고 전체에 털이 많이 나는 풀이다. '참꽃마리(Trigonotis radicans)'는 대부분의 산에서 많이 자라지만 이곳의 습기 있는 골짜기 숲속에서는 흰색, 연한 홍색, 자주색 등의 꽃이 피며 대단히 많은 군락을 이루고 자란다.

높은 숲속에서 많이 자라는 '미치광이풀(Scopolia parviflora)'은 짙은 청자색이나 흑자색의 꽃을 피우지만 이곳에서는 연한 노란색의 희귀종이 많이 발견된다. 황색꽃이 피는 '노랑미치광이풀(Scopolia lutescens)'은 기록에도 없

미치광이풀

는 미기록종으로 매우 귀한 풀이다.

'큰연영초(Trilium kamtschaticum)'는 심산 지역의 숲속에서 나는 풀이지만 이곳 골짜기 습기 있는 숲속에서도 많이 볼 수 있다. 흰 꽃을 피우며, 풀잎은 원래 3개지만 6개가 달린 것도 간혹 발견된다. '토현삼(Scrophularia Koraiensis)'은 고지대의 숲속에서 상어가 입을 벌린 듯한 이상한 모양의 짙은 자주색 꽃을 피우는 귀한 풀이다.

'동의나물(Caltha palustris var. membranacea)'은 나물이지만 먹지 못하는 미나리아재비과의 유독성 식물이며 심산 지역 어디에서고 나지만 이곳이 전국에서 가장 큰 군락을 이루고 있다. 늦봄 황금색의 아름다운 꽃과 둥근 풀잎을 달고 넓은 초원에 일제히 꽃이 피면 황홀감을 준다.

심산 초원에서 자라는 '나도개감채'는 이곳의 깊은 골짜기에서도 봄에 가녀린 꽃을 피운다. '흰진범'은 매우 귀하게 발견되는 풀로 휴전선 전지역 가운

노랑미치광이풀

데 이곳에서만 자라고 있다. 가을에 순백색의 털이 있는 꽃을 피우며 습기 있는 초원에서 많이 자란다.

일명 '왜우산풀'이라 불리기도 하는 '누룩치'는 심산 지역 초원에서 나며 흰 꽃이 피는 매우 큰 풀 가운데 하나이다. '소경불알'은 땅속 감자 모양의 뿌리 때문에 얻어진 이름으로, 가는 덩굴에 자주색의 종 같은 꽃이 매달려 피는 도라지과의 귀한 풀이며 이 지역 숲속에서 간간이 나온다.

예전에는 간혹 발견되었으나 근자에는 그 자취를 감추어버린 백합과의 나리류 '노랑하늘말나리(Lilium tsingtauense)'는 휴전선 지역 초원에서 여름에 찬란한 황금빛의 꽃을 피운다. 짙은 자주색의 작은 반점이 나 있는 꽃잎은 청아하기 이를 데 없는 양종(養種)의 야생 백합이며, 적당한 높이에 열두 폭 치마를 두른 듯이 둘러서 수레바퀴 모양으로 달린 풀잎과 더불어 가랑비에 흠뻑 젖은 이 꽃은 볼수록 정감이 가는 귀한 꽃이다.

노랑하늘말나리

'만주바람꽃(Isopyrum mandshuricum)'은 지금까지는 경기도 미금시 평내의 부적골에서만 발견된 기록이 있었으나 유명산, 광덕산에서도 발견되었다. '연복초(Adoxa moschatellina)'도 지금까지 광릉 및 가야산에서 발견된 기록이 있으며 대개는 북부 지방의 높은 지대에서 자라는 작은 풀이지만 이곳 광덕산에서도 군집을 이루고 자라는 것이 발견되었다.

'회리바람꽃(Anemone reflexa)'은 중부 이북의 깊은 산에서 흔히 자라지만 좀처럼 백색의 꽃잎같이 보이는 꽃받침을 보기 어려운 꽃인데 이곳에서는 꽃받침 잎이 달린 것을 찾을 수 있었다.

'애기중의무릇(Gagea japonica)'은 심산 지역에 나며 '흰그늘돌쩌귀(Aconitum uchiyamai for. alblflorum)'는 1995년경 조사 때에 이 지역에서 처음으로 발견된 종으로서 그 개체수가 많지 않은 식물이다.

'귀룽나무(Prunus padus)', '조팝나무(Spiraea prumifolia for. simpliciflora)'는 주변에서 흔히 볼 수 있는 나무들이다. 전국적으로 많이 분포하고 있다. '앉은부채'는 전국의 심산 지역 약간 습기 있는 숲속에 자란다. 이 지역의 특징은 산이 그다지 높지 않지만 고산식물과 더불어 많은 희귀식물이 발견되고 일상적으로 낮은 데서 자라는 식물들도 골고루 분포하는 특징이 있다. 예를 들면 꿀풀, 돌나물, 말나리, 하늘말나리, 털중나리, 참나리, 중나리, 나도송이풀, 박하, 등골나물, 사마귀풀, 노랑물봉선, 흰물봉선, 이고들빼

만주바람꽃   연복초

애기중의무릇   흰그늘돌쩌귀

조팝나무

귀룽나무

앉은부채

기, 큰엉겅퀴, 사위질빵, 산부추 등 많은 종의 식물이 골고루 분포하여 계절에 따라 아름다운 꽃을 피운다.

또한 하천에는 각종 민물고기와 무당개구리, 곤충과 더불어 꼬리치레도롱뇽 등이 서식하고 있다. 모든 생물이 활기차게 살아 움직이며 숨쉬는 이곳은 여러 번을 들어가도 이튿날 다시 가보고 싶은 지역이다.

대성산 무당개구리

대성산 꼬리치레도롱뇽

대성산 꽃뱀

복주산 민물고기

철원 월정리 정연리 갈말읍

중 부 전 선 의   야 생 화

철원(鐵原) 지역은 금화읍(金化邑)과 통일촌(統一村), 동송읍(東松邑), 학저수지(鶴貯水池), 월정리(月井里), 대마리(大馬里), 갈말읍(葛末邑), 정연리(亭淵里) 등으로 구분되며, 그다지 높은 봉우리는 없으나 겨울에는 북녘으로부터 몰려오는 찬바람이 드넓은 철원 평야를 뒤덮어 다른 곳에 비해 기온이 낮다. 강원 지방에서는 가장 큰 평야를 이루고 있으며 한국전쟁 당시의 격전지로서 북한군이 점령했던 지역으로 지금도 북한군 노동당사 및 금융조합 등 옛 건물들이 그대로 남아 있다.

금강산 가는 녹슨 철길은 끊어진 채 숲속을 가로지르고 있다. 피의 격전지로 알려진 백마고원 주변의 휴전선에는 철조망이 가로막힌 사연을 아는지 모르는지 고라니, 노루떼들이 뛰놀고 온갖 철새들이 한가로이 날며 잡초로 뒤덮인 초원에는 앙상한 뼈만 남은 철마(鐵馬)의 잔해가 전장의 처참함을 말해주듯 풀숲에 비스듬히 누워 있어 보는 이의 마음을 안타깝게 한다.

끊어진 철길 위에 철마의 바퀴만 놓여 있는 월정리역은 이정표를 세워 놓고 통일의 그날을 기다리고 있으며 지금은 관광명소가 되어 있다. 주변의 늪지에서는 민물고기들이 물길을 따라 남북을 자유롭게 오가는데 사람들은 전망대에서 가깝고도 먼 북녘땅을

위 · 북한군 옛 노동당사
아래 · 잡초에 묻힌 철마 잔해

정현리 끊어진 철길

그저 바라만 볼 뿐이다.

학저수지 주변 숲속에는 어느 시대의 것인지 마애불상이 묻혀 있다. 이곳은 겨울이면 많은 철새떼가 모여드는데, 백로의 서식지이기도 하며 그 밖에 왜가리, 두루미 등 희귀 철새들이 찾아오는 곳이다.

재인폭포는 깊은 계곡에서 절경을 이루며, 부근 들녘의 늪지에서는 여름에는 풀〔草本〕로 변하고 겨울에는 벌레〔虫〕가 되어 지낸다는 '동충하초(冬虫夏草)'도 발견되었다.

가을이면 메뚜기며 온갖 벌레들이 들녘을 차지하고, 임자 잃은 녹슨 철모 옆에는 그 넋이라도 지키려는 듯 가련한 민들레꽃이 노랗게 피어난다. 이 '민들

철원 평야 학저수지 주변에 모인 두루미(사진 제공 송기엽)

철모 옆에 피어난 민들레

레'는 봄이면 어디서고 꽃이 피고 여름에 씨를 날려 보내는 강인한 풀이다. 줄기나 잎을 자르면 흰 유액이 나온다.

민통선 안에 자리한 작은 사찰 '도피안사'는 규모는 작지만 국보급 문화재를 보관하고 있으며, 철불상과 3층석탑, 석등 등 귀한 문화재가 보존되어 있다. 주변의 수림이 울창하여 예전에는 크낙새가 서식했다고도 한다.

봄에 꽃이 피는데도 간혹 눈이 내려 일찍 피어나는 진달래, 쇠뜨기, 냉이류, 산괴불주머니, 현호색과 더불어 '생강나무(Lindera obtusiloba)'도 노랑색의 꽃송이 위에 흰 눈을 흠뻑 뒤집어쓰고 피어나는데 봄을 시샘이라도 하는 듯이 눈이 내리지만 곧 녹아버린다.

나지막한 양지바른 비무장지대 옆에는 키가 작은 봄꽃 '봄구슬봉이(Gentiana thunbergii)'가 애처롭게 땅바닥에서 피어난다. 광대수염, 꿩의바람꽃, 용둥굴레, 각시붓꽃 등도 봄이 되면 모두 꽃망울을 터뜨린다. 이들 꽃들은 우리나라 중부 지방에서 흔히 나타나는 식물들이며 조팝나무, 병꽃나무 역시 흔히 나타나는 봄꽃이다.

'뫼제비꽃'은 눈과 얼음이 남아 있는데도 작고 가녀린 꽃을 피우며 나지막한 산자락의 숲속에서 분포한다. 봄에 눈과 얼음이 녹기 시작하면서 숲속 그늘진 곳에서 흰 털을 길게 내고 피는 꽃으로, 풀잎이 땅에서 나올 때부터 말려나온 희고 긴 털이 노루의 귀 모양과 같다 하여 이름 지어진 '노루귀'는 고지대까지 봄을 장식한다. 흰색과 붉은색이 있으며 휴전선 지역의 나지막한 산자락 숲속에도 옹기종기 모여 귀여운 아이들같이 피어난다.

꽃이 꽃 같지 않고 거미가 한 마리 앉아 있는 모양의 독이 있는 풀 '삿갓나물'도 이곳의 초원이나 숲속에서 가지런한 풀잎을 둥글게 내밀고 꽃을 피운다. 이른 봄 각처의 산에서 일찍 나며 꽃 모양이 모자의 채양같이 앞으로 내밀어져 있고 녹색의 통 속에 그 꽃을 감추고 피어나는 유독성 식물 '넓은잎천남성(Arisaema robustum)'이 산지의 그늘지고 습기 있는 곳에서 많이 피어난다. 가을에 붉은 옥수수 모양의 열매를 달고, 힘에 겨워 땅에 누워버리는 흔히 볼 수 있는 풀이다.

봄에 눈이 녹으면서 노루귀 등과 같이 일찍 피어나는 바람꽃속 '꿩의바람꽃(Anemone

위 · 도피안사 전경
아래 · 도피안사 석등

생강나무

raddeana)'은 연약하지만 큰 꽃을 달고 있어 힘에 겨워 고개를 늘어뜨린다. 흰 국화 모양의 꽃을 피우며 이들은 나지막한 산자락 숲속 습기 있는 곳에서 여러 대가 모여 꽃을 피운다.

이들과 같은 곳에서 자라며 이른 봄에 작은 꽃과 포엽이 같이 노란색으로 피어나는 '흰털괭이눈(Chrysosplenium barbatum)'이 줄기에 흰 털을 드문드문 달고 작은 키에 땅에 붙어서 꽃을 피운다. 같은 시기에 낮은 산이나 약간 높은 곳, 또는 들녘의 양지바른 곳에서 나는 연약한 풀 '빗살현호색'은 풀잎이 빗살처럼 갈라진 데서 생긴 이름으로 약간 귀한 종이며, 연한 하늘색 또는

병꽃나무 광대수염

꿩의바람꽃 용둥굴레

자주색의 꽃을 피운다. 줄기가 연약하여 잘 쓰러지고 땅속에 대추알만한 덩이뿌리가 들어 있으며 약으로 쓰이는 양귀비과의 유독성 식물이다.

'고추나무(Staphylea bumalda)'는 중부 지방 심산 지역에서 늦은 봄에 많은 꽃이 피며 어린 잎은 나물로 먹으며 맛과 모양이 고추와 같다 하여 붙여진 이름이다.

'용둥굴레(Polygonatum involucratum)'는 삿갓 모양의 포엽이 꽃을 감싸주듯 하고 연한 녹색이 도는 꽃이 피며, 경기도 북부 지방의 저지대에서 많이 자라는 둥굴레속의 하나이다.

'천남성(天南星, Arisaema amurense var. serratum)'은 각처에서 많이 자라며 두루미천남성과 거의 비슷하고 녹색 꽃이 피며 가을에 붉은 열매가 열리는 천남성과의 유독성 식물로 땅속의 덩이뿌리는 약재로 쓰인다. 우리 주변에서 가장 가까이 접할 수 있는 야생 백합, 일명 '호랑나리', '개나리'라 부르는 나리류의 대표적인 꽃 '참나리(Lilium lancifolium)'는 커다란 꽃잎 안쪽에는 짙은 자주색

위 · 봄구슬봉이
가운데 · 고추나무
아래 · 흰물봉선

의 호랑반점이 나있고, 노란빛이 도는 붉은색의 꽃잎은 뒤로 둥글게 말아 올려져 있다. 줄기가 높게 자라며, 여러 개의 풀잎 겨드랑이에 검은 콩 한 개씩 올려 놓은 듯한 씨를 가지고 있다. 여름에 많은 꽃이 피고 화단에 심기도 하며 휴전선 지역의 병사들 막사 옆에서도 아름다운 꽃을 피운다.

'물참대(Deutzia glabrata)' 역시 계곡의 물이 흐르는 도랑가 등의 습지변에서 순백의 꽃을 피워 향기를 뿜는 아름다운 풀 가운데 하나이다. '흰물봉선'은 산지의 계곡물이 흐르는 습지에서 나며 가을이면 많은 꽃이 피는 독이 있는 풀로서 줄기에 무릎마디가 튀어나오는 특징이 있다. '노랑물봉선', '물봉선' 등도 산골짜기에서 많이 피어나며, 또한 '오미자', '다래', '돌배' 등

으름(위 사진은 열매)

의 열매도 많이 나온다. 그리고 산에서 나오는 또 하나의 바나나 같은 열매 '으름(Akebia quunata)'은 봄에 탐스러운 꽃이 핀 자리에 가을에 다시 탐스러운 열매가 벌어진다.

송이풀과 닮은 데서 그 이름이 지어진 '나도송이풀(Phtheirospermum japonicum)'은 각처의 낮은 곳, 초원에서 자라며 이곳 휴전선 지역의 길가 초원에서는 늦은 가을 찬서리가 내려도 연분홍 꽃 위에 흰 서릿발을 듬뿍 쓰고 피어나는, 연약하게 보이지만 강인한 여인 같은 꽃이다.

늦가을 추워지기 시작하면 더 많은 꽃을 피우며 뿌리가 쓴맛이 많이 도는 '용담(龍膽, Gentiana scabra var. buergeri)'은 가을의 아름다운 꽃 가운데 하나로, 북녘에서는 8월부터 꽃이 피며 남쪽의 한라산에서는 10월 하순까지 핀

아래 · 백마고지 DMZ
옆면 아래 · 백마부대

다. 짙은 자줏빛의 꽃잎과 긴 통이 연결되고 그 속에 작은 꽃밥이 들어 있다. 이 꽃은 벌과 나비가 없는 늦가을 추워질 때 꽃이 피고 꽃밥이 통 속 깊이 달려, 바람에 교접도 안 된다.

그러나 자연의 오묘함과 지혜는 가을의 '용담'에서도 볼 수 있다. 여름 동안 편히 쉬고 놀고만 있다가 날이 추워지니까 그제야 겨울 양식을 구하러 다니는 게으름뱅이 호박벌이 이 꽃 저 꽃 찾아다니지만 다른 꽃들은 시들 무렵이라 꿀이 없기 때문에 이때 비로소 꿀을 숨기고 있는 용담꽃을 찾는 것이다. 늦가을 오후 두 시가 넘으면 날이 쌀쌀해져 활동하기 어려워지는 호박벌은 묻지도 않고 용담꽃으로 들어가는데 용담꽃 역시 기다렸다는 듯이 꽃잎을 오므려 벌을 감싸주는 것이다. 벌은 쌀쌀한 추운 밤을 용담이 감싸주어 잘 지내고, 이튿

용가시나무

날 해가 높이 솟은 오전 11시쯤이면 용담꽃이 꽃잎을 열어주어 밤새도록 온몸에 가루를 묻혀 가졌으니, 이 꽃 저 꽃 다른 꽃으로 똑같이 옮겨가며 인사도 없이 날아가버리지만 그 대신 용담은 이 게으른 호박벌로 인하여 교접을 이룬다. 그 이후로는 호박벌이 찾아와도 꽃잎을 오므리지 않고 곧 열매를 맺어 작은 씨를 뿌리게 되니 서로 돕는 길에 자기의 종족을 번식시키는, 아주 지혜로운 꽃 가운데 하나이다.

우리나라 각 지방의 산에서 마지막 가을을 장식해주는 작은 노란색 국화로 짙은 향기와 더불어 우리에게 친숙한 꽃, 그저 '들국화'라 흔히 부르는 '산국(山菊, Chrysanthemum boreale)'은 예부터 국화주(菊花酒)를 담그는 데 쓰이거나 약으로 쓰이는 꽃으로 9월부터 11월까지 많이 핀다. 옛날에는 이 꽃을 따서 말려 겨울에 베갯속 귀퉁이나 이불솜 귀퉁이에 넣고 겨울 동안 국화향

(菊花香)을 음미하기도 하였다는 기록도 있지만 이곳 휴전선 지역에서도 이들이 늦은 가을까지 많이 피어 온 산을 노란색으로 아름답게 수놓는다.

'용가시나무(Rosa maximowicziana)'는 경기 북부 지방 및 가평, 화천 지방의 산지에서 간혹 발견되며 향기가 유난히 진한 꽃 중의 하나이다.

휴전선이 가로막힌 지 어언 50년이란 세월이 흘러갔지만 이곳에 자라는 풀이나 나무들 그리고 곤충, 민물고기와 동물들은 지금도 예나 다름없다. 생태적인 면에서는 오히려 제한된 지역이기 때문에 환경파괴나 오염이 되지 않아 이들 동식물들은 이곳 백마고지의 드넓은 비무장지대의 초원에서 맘껏 뛰어놀고 있다.

맨 위부터 풍뎅이, 달팽이, 배추흰나비

실향민의 아픈 마음을 달래주기라도 하는 듯
두무진 포구의 은빛 해변에는
한 그루의 해당화가 붉은빛 새색시 얼굴처럼,
어쩌면 먼 뱃길 떠나 돌아오지 않는 님이라도 기다리는 듯
바다를 향하여 고운 꽃망울을 터뜨리고
불어오는 바닷내음에 고개를 흔들어댄다.

연천 아월산 DMZ

서부전선의 야생화

백학면 고랑포리
판문점 · 대성동 · 석곶리 · 파주 · 문산
애기봉 · 사암리 · 월곶리
강화도 · 교동도 · 보름도
백령도 · 대청도 · 연평도

백학면 고랑포리

서 부 전 선 의 야 생 화

연천 지역은 백학면과 미산면이 휴전선 지역에 들어가 있으며 특히 고랑포리(高浪浦里)의 강가는 노루들이 즐겨 찾는 곳 중 하나이다. 백학면은 민통선 안의 마을이며 예전부터 잔디 농사를 많이 하는 곳으로 1987년 당시에는 마을 어귀에 노인정이 지어져 있어 마을 사람들이 정자에서 한가로이 장기를 두곤 하였으나 지금은 많이 달라져서 그때의 모습은 사진으로나 볼 수 있다.

미산면에 있는 경순왕릉은 휴전선에 있는 유일한 왕릉이며 주변에는 숭의전

위 · DMZ의 봄
아래 · 연천 민통선 마을의 아침

이 잘 보존되어 있다. 숭의전 밖에는 느티나무가 몇 그루 있는데 그 중의 한 그루는 수령이 약 600년에 가까우며 이 느티나무 또한 휴전선에서 가장 큰 나무이다. 그리고 주변 약간 밖으로는 재인폭포가 있어 많은 관광객들이 찾는다.

철원과 연천은 바로 옆에 위치하며 근래에는 관광객이 철원으로 해서 연천까지 당일에 들르는 관광 코스가 되었다. 특히 철원과 이곳 연천 지역의 비무장지역 안은 넓은 초원으로 되어 겉으로 보기에는 평온한 들녘 같은 모습이다. 지대는 높은 곳이 아니지만 많은 식물이 자라고 있다. 이른 봄에는 '쇠뜨기(Equisetum arvense)'가 일찍 생식경을 내밀었다가 눈이 오는 바람에 눈 속에 갇힌다. 이 무렵이면 '제비꽃(Viola mandshurica)', '솜나물(Leibnitzia anandria)'과 더불어 솔붓꽃, 씀바귀, 산달래, 기린초, 병꽃나무, 벌깨덩굴, 각시붓꽃 등과 동충하초도 이 지역에서 발견된다.

부근 고랑포리의 구비치며 흐르는 큰강 같은 냇물을 건너면 바로 북한 지역이다. 이 아름다운 하천을 사이에 두고 그저 들리는 소리는 대남방송의 귀따가운 소리들이지만 이 시끄러운 소리도 만성이 되어버렸는지 노루가 작은 새끼들을 이끌고 고랑포 냇가에 나와 무언가를 찾으며 돌아다니는 모습도 평화롭게만 보인다.

푸른 언덕 밑에 무지개처럼 휘어 감도는 은모래 백사장이 군데군

위 · 경순왕릉
가운데 · 숭의전
아래 · 숭의전 밖 느티나무

쇠뜨기

솜나물

제비꽃

데 형성된 이 고랑포는 예부터 그 경관이 수려한 곳으로 유명했던 곳이며 휴전선이 아니었더라면 관광명소가 되었을 아름다운 곳이다.

예부터 수염같이 무성하게 난 뿌리로 솥을 닦는 솔을 만드는 데 쓴다 하여 이름 붙여진 '솔붓꽃(Iris ruthenica)'은 봄의 산기슭에서 일찍 피어나 가녀린 자주색 꽃을 피우는 작은 붓꽃류이다. 잎줄기를 자르면 흰 유액이 나오는 '씀바귀(Ixeris dentata)'는 유난히 써서 이름도 씀바귀이지만 봄나물로 즐겨 먹는 풀이다. '산달래(Allium grayi)'는 봄나물로 흔히 먹으며 여름에 낮은 산 초원에서 연한 홍색 꽃이 많이 핀다.

긴 줄기 끝에 꽃이 여러 개가 달려 흔히 꽃방망이라 부르는 '자주꽃방망이(Campanula glomerata var. dahurica)'는 특히 이 지역의 초원에서 많이 자란다. 꽃이 무거워 옆으로 비스듬히 누워 짙은 보라색의 꽃을 탐스럽게 피우며 북쪽으로 백두산 천지 부근까지 분포하는 도라지과의 식물이다. 산에서

고랑포리 전경

위·자주꽃방망이
아래·붓꽃

작은 국화가 노란색으로 피는 것은 대개 산국(山菊)이지만, 들녘에서도 이와 거의 비슷하게. 그러나 자세히 보면 꽃이 약간 큰 편이고 낮은 데서 자라는 '감국(甘菊, Chrysanthemum indicum)'이 있다. 다른 곳의 들녘에서처럼 이곳에서도 많이 피어나는 감국은 산국과 같은 용도로 쓰이는 꽃이다.

가지를 꺾으면 생강 냄새가 난다 하여 '생강나무'라 이름 붙여진 크지 않은 나무가 이른 봄 다른 나무에 앞서 먼저 꽃이 피는 바람에 짓궂은 눈송이가 꽃잎에 내려앉아 비켜줄 줄 모르고 눈과 함께 범벅이 되어 꽃이 피어난다.

꽃이 피기 전에 꽃봉오리가 붓끝같이 피어 '붓꽃(Iris nertschinskia)'이라 이름 지어진 꽃은 습기 있는 초원에 군락을 이루고 넓고 푸른 초원에 나비가 앉은 듯이 짙은 자줏빛 꽃으로 피어난다. 붓꽃은 대개 넓은 길가 초원에 많이 피어나 5월을 더욱 아름답게 한다.

각처의 산 바위틈이나 길가 초원 등에서 초여름에 황금색 꽃을 많이 피우는 '기린초'는 특히 벌과 나비가 자주 찾아오는 꽃으로 여름에 비가 오지 않고 가물어도 이를 잘 극복하는 지혜로운 식물이다.

'병꽃나무(Weigela subsessilis)'는 산기슭의 숲 가장자리에서 많은 꽃을 달고 향기를 내뿜는 꿀을 많이 가진 꽃이다. 처음에는 연한 황색꽃이 피지만 시간이 지나면서 자줏빛으로 색이 변하는 인동과의 나무이다.

꽃 모양이 메기가 입을 벌리는 듯 꽃잎 끝에 흰수염이 몇 개 달리며 피는 '벌깨덩굴(Meehania urticifolia)'은 숲속에 숨어서 옆으로 비스듬히 자라며 커다란 꽃을 피우는 풀이다. '각시붓꽃(Iris rossii)'은 솔붓꽃과 거의 비슷하게 생겼으나 풀잎이 약간 넓으며 꽃의 색깔이 거의 같은 색으로 봄에 숲속에서 꽃이 피는 작은 풀이다. '봄구슬봉이(Gentiana thunbergii)'는 5~10센티미터 정도의 작은 풀로서 작은 보랏빛 꽃을 피우며 이른 봄 양지바른 산기슭에서 가랑잎 사이로 얼굴을 내밀고 장난기 있는 어린아이같이 웃는 모양이다. 인가(人家) 주변의 숲 가장자리나 길가에 많이 난다.

'광대수염(Lamium album)'은 봄에 꽃이 피면 풀잎에 가려져 잘 보이지 않

위·들현호색
아래·현호색

넓은잎천남성

매자나무

으나 잎자루 옆에 여러 개의 꽃이 둘러서 피며 꽃받침에 긴 수염 같은 것이 달려 있다. 꽃의 색깔이 흰 꽃과 연붉은 꽃 등으로 피는데 연붉은 꽃은 대단히 드물게 발견된다.

열매의 모양과 나뭇잎이 고추가 달리는 고춧잎과 비슷한 '고추나무'는 봄에 꽃이 필 때 아낙들이 모두 잎을 따서 나물로 먹기 때문에 꽃과 더불어 피해를 당하는 꽃이다.

'동충하초(Cordyceps sobolifera)'는 번데기 같은 유충의 등에 버섯 모양의 순이 나 있으며 오염되지 않은 습기 있는 들녘의 골짜기 등에서 자란다. 우리나라에서는 약 8종이 있는 것으로 보고되고 있으나 휴전선의 이 지역에서는 2종의 동충하초가 발견되기도 하였고, 중국 등지에는 무려 280종이 있는 것으로 보고된다.

'현호색(Corydalis turtschaninovii)', '들현호색(Corydalis ternata)', '넓은

은방울꽃

타래붓꽃

지칭개

지느러미엉겅퀴 군락

흰지느러미엉겅퀴

분홍지느러미엉겅퀴

잎천남성' 등도 많이 자라지만 이들은 전국적으로 많이 자라는 식물들이다.

중부 이북 지방에 많이 분포하는 '매자나무'는 철원 지역까지 퍼져 있다. '지칭개(Hemistepta lyrata)', '은방울꽃(Convallaria keiskei)', '타래붓꽃(Iris lactea var. chinensis)' 등도 이 지역에 많이 분포한다.

특히 '지느러미엉겅퀴(Carduus crispus)'의 변이종(變異種) '분홍지느러미엉겅퀴', '흰지느러미엉겅퀴'는 이 지역에서 처음 발견되었다. 1997년에 비무장지대 인접한 곳에서 발견되었는데, 2년생 풀이기 때문에 씨를 채종하여 밖으로 가져오는 데 상당한 어려움이 있었다.

개성의 천마산(天麻山)에만 분포한다고 보고된 '애기송이풀(Pedicularis ishidoyana)'은 이곳 비무장지대 가까이의 숲속에서 발견되었으며 이후 경남 거제도에서도 발견된 바 있다.

위 · 애기송이풀
아래 · 깽깽이풀

같은 곳에는 '깽깽이풀(Jeffersonia dubia)'도 큰 군락을 이루며 자라고 있다. 1987년도 조사 과정에서는 조사 기간 관계로 이들이 꽃이 피는 4월에

할미밀망   큰꽃으아리

애기물꽈리아재비   박주가리

부처꽃

족도리풀 변이종

바위말발도리

물잠자리

휴전선을 들어가지 않고 6월부터 조사가 이루어졌기 때문에 봄꽃들은 대부분 그 이후 탐사과정에서 얻어진 자료들이다. '할미밀빵(Clematis trichotoma)', '큰꽃으아리(Clematis patens)'는 중부 지방의 산간에서 자주 만날 수 있는 야생초들이다.

'애기물꽈리아재비(Mimulus tenellus)'는 약간 희귀한 풀이며 이 지역의 산골짜기 습지에서 간혹 발견된다.

'족도리풀', '바위말발도리(Deutzia humata)', '박주가리(Metaplexis japonica)' 등은 통상적으로 낮은 지대에서 흔히 나타나는 식물들이다. 습지에는 '부처꽃(Lythrum anceps)'이 여름에 초원을 붉은 자주색으로 물들이며 또한 백두산 같은 고산지대부터 이곳 휴전선의 낮은 지대 초원에도 자라는 자주꽃방망이, 용담, 감국 등의 꽃들이 피기 시작하면 이곳 휴전선 지역에는 더욱 빠르게 겨울이 찾아온다.

이 지방의 낮은 계곡이나 들녘의 도랑 주변 등지에서는 초여름이면 봄에 알을 낳아 부화한 새끼 청개구리들이 풀잎에 모여 졸고 있거나 엉겅퀴 등의 꽃에 오르기 위해 높은 데까지 오르는 재미있는 모습들을 볼 수 있다. 여름이면 여러 종류의 잠자리나 풍뎅이, 나비류 등 많은 곤충들도 볼 수 있어 자연이 살아 있음을 입증해준다.

용담

판문점 대성동 석곶리 파주 문산

서부전선의 야생화

경기도 파주시 임진강변의 임진각은 고향을 북녘에 두고 온 실향민들이나 그 밖의 많은 관광객들이 찾는 곳으로 자유의 다리를 건너 판문점으로 들어가는 길이 있다. 그러나 관광객들은 여기서 더 이상 가지 못한 채 발길을 멈추고 고향의 하늘을 향하여 날아가는 철새들에게나 안부를 물어야 하는 애처로운 곳이다. 건너편 산자락 끝에 있는 석곶리의 들은 농사를 짓지 않아 잡초가 우거

위 · 대성동 전망대
아래 · 대성동 군사분계선 표지판

진 수십만 평의 큰 평원(平原)이다.

판문점 옆의 대성동(大城洞) 마을은 마을 앞의 언덕 하나를 사이에 두고 북녘과 마주보고 있는 전원 마을이다. 집집마다 울타리에는 호박덩굴이 올라가고 해바라기가 고개를 숙이고 있어 온갖 정원수들로 아름답게 꾸며 놓은 듯 정말 평화롭게만 보이는 곳이다. 마을 어귀 높이 솟은 탑 위에 태극기가 펄럭이고 맞은편 북쪽의 마을에는 북한의 인공기가 펄럭이고 있다.

대성동 마을 앞 비무장지대 한가운데에 쓰러질 듯이 서있는 남과 북의 녹슨 군사분계선 표지판은 여름으로 접어들면 풀숲 속에 묻혀 보이지 않을 정도이다.

이곳의 풀숲 가장자리에는 청개구리들이 군인들과 같이 사열식이라도 하는 듯이 풀잎 위에 한 줄로 나란히 앉아 있고 물가에서는 뱀, 달팽이, 나비류 및 우렁이와 도둑게 등을 흔히 볼 수 있다.

파주, 문산 지역은 휴전선과 가장 가까운 곳에 위치하고 있으며, 지금은 일반인들이 많이 거주하고 있다.

이 지역의 산에서는 봄이 되면 많은 봄꽃이 피어나며, '앵초(Primula

위 · 임진강변 석곶리 평야
아래 · 대성동 마을 청개구리

앵초

두루미천남성

산사나무

흰앵초

sieboldii)'와 더불어 변이종 '흰앵초(Primula sieboldi for. alba)'가 파주 지역에서 발견되었다. '두루미천남성'은 다른 곳에 비해 그 개체수가 많으며 일상적으로 전국의 산에 자라는 독이 있는 식물이다. '흑삼릉(Sparganium stoloniferum)'은 원래는 전국적으로 많이 분포하는 습지식물이었으나 농약과 환경오염으로 인하여 지금은 그 개체수가 얼마 되지 않으며 이곳 판문점 지역의 습지에서 자라고 있다. '병꽃나무'와 '산사나무(Crataegus pinnatifida)', '아까시나무' 등 흔히 볼 수 있는 나무들도 많이 자라고 있다.

야생식물 중에는 그 모양이 이상한 것들이 흔히 있는데, 역시 꽃과 꽃줄기의 모양이 꼭 낙지발 같다 하여 그 이름이 붙여진 '낙지다리(Penthorum chinense)'는 이곳 판문점 지역의 늪지에서 볼 수 있다. 휴전선 이남 지방에서는 대체로 귀한 식물이 되어버렸다.

'괭이밥(Oxalis corniculata)', '사마귀풀(Aneilema keisak)' 등도 길가 초원이나 습지 등에 흔히 나타난다.

흑삼릉

병꽃나무

낙지다리

괭이밥

사마귀풀

자유로를 따라 서울의 한강과 임진강이 합류되는 큰길 가에는 철조망이 쳐져 있어서 이곳도 민통선이나 다름없다. 철조망 너머에는 많은 갈대숲과 더불어 갯벌이 만들어지고 많은 생물들이 서식하기 때문에 철새들도 날아들며 초원에는 고라니, 노루 등이 많이 나타난다.

서울에서 임진각까지 훤히 뚫린 길이지만 미관상 어떻고 저떻고 철조망을 없애라느니 하는 말들이 나오기도 한다. 하지만 안보상의 문제를 접어두고라도 이곳에 철조망이 있었기에 지금처럼 모든 생물들이 생존할 수 있었으리라 생각해본다.

자유로

애기봉 사암리 월곶리
서부전선의 야생화

경기도 김포 지역에 있는 '애기봉'은 건너편의 황해도 개풍군과 연백군의 일부가 한눈에 보이는 곳으로, 한강과 임진강이 합류하는 지점은 남쪽과 북쪽의 갯벌이 서로 손에 잡힐 듯이 가까운 거리에 위치하고 있다. 강 한가운데의 무인도(無人島)인 '유도'가 울창한 숲을 이루고 있다.

남과 북으로 경계선 없는 한강 하류를 사이에 두고 멀리 건너다보이는 북한 지역에는 여전히 선전구호들이 어지럽게 붙어 있고, 많은 철새들의 보금자리인 강 가운데의 유도에는 백로, 왜가리떼들이 둥지를 틀고 알을 낳고 있다.

전적비가 우뚝 솟아 있는 그 옛날의 격전지인 애기봉 위에는 태극 깃발이 더욱 힘차게 펄럭인다.

이곳의 강둑이나 들녘의 길가 언덕에는 다른 곳과 다를 바 없이 많은 풀들이 자라고 봄이면 어김없이 아름다운 색깔로 꽃이 핀다. 제비꽃, 호제비꽃, 흰제비꽃, 남산제비꽃과 쇠뜨기, 조팝나무, 산벚나무, 진달래, 개나리 등이 많이 피어나고 들녘에 지칭개, 지느러미엉겅퀴, 솔붓꽃, 양지꽃, 할미꽃, 씀바귀와 봄맞이꽃, 광대나물 등의 꽃이 핀다.

'서양민들레'는 이곳에서 큰 군락지를 형성하고 많은 꽃을 피워 들녘을 꽃밭으로 만들어버린다. 이들 서양민들레는 민들레와 거

애기봉 전적비

유도 전경

의 비슷하지만 꽃받침이 뒤로 젖혀진 것과 봄부터 여름 늦게까지 꽃이 피는 것이 다르며 기존 민들레보다 더 많이 퍼져 자란다.

오랑캐꽃, 씨름꽃이라 부르기도 하는 '제비꽃'은 각처의 길가에서 흔히 자라지만 이곳 강가의 둑에서도 작은 꽃을 피운다. '박주가리'는 낮은 곳의 길가 풀숲에서 자라며 들녘의 둑에서 연붉은빛의 꽃이 피면 특히 풍뎅이가 많이 찾아오는 꽃으로, 줄기를 자르면 흰 유액이 나온다. 가을에 오이 모양의 열매가 열리고 떨어지면 흰 명주실 같은 씨의 날개가 퍼지며 멀리 날아가 번식하지만 씨의 흰 날개는 도장밥 등을 만드는 재료로 쓰이기도 한다.

왼쪽 · 서양민들레 군락
위 · 남산제비꽃
아래 · 씀바귀

위 · 둥굴레
아래 · 돌나물

나뭇가지에 조밥을 튀겨 촘촘히 붙인 것 같이 작은 꽃을 많이 피워 이름 붙은 '조팝나무'는 다른 데서도 많은 꽃이 피지만 이곳에서 피는 순백의 조팝꽃은 흰 눈송이처럼 청아하기 이를 데 없으며 봄 들녘에 향기를 은은하게 퍼뜨린다.

땅속에서 솟아나는 뱀의 머리 같다 하여 뱀대가리, 뱀밥 등으로 부르기도 하는 '쇠뜨기'도 이곳의 둑에 눈이 녹으면서 고개를 내밀고 갈색의 포자를 바람에 날려 보낸다. 옛날에는 이것을 필두채(筆頭菜)라 하여 나물로 먹기도 했다 한다.

'지칭개(Hemistepta lyrata)'는 논밭에서 흔히 자라며 봄이면 아름답지 못한 꽃을 피우다가 씨를 바람에 날리는 일종의 나물류이다.

이들과 같이 줄기에 지느러미를 많이 달고 꽃을 피우는 엉겅퀴 무리의 하나인 '지느러미엉겅퀴(Carduus crispus)'는 이곳의 양지바른 밭, 둑 등에서 붉은 꽃을 피우고 유난히 나비와 나방을 많이 불러모으는 풀로서 풀잎을 따서 상처에 붙이면 금세 피가 멎어 지혈작용을 한다. 5월에 가장 먼저 꽃이 피는 국화과의 엉겅퀴 가운데 하나이다.

'둥굴레(Polygonatum odoratum var. pluriflor)'가 숲 가장자리에서 '은방울꽃'과 더불어 꽃이 핀다. '돌나물(Sedum sarmentosum)'은 전국적으로 바위등걸에 흔히 자라며 이곳 돌틈에도 많이 자라고 있다. 여름에는 박주가리, 엉겅퀴, 도라지 등과 더불어 아까시나무가 꽃이 피어 향기를 뿜어댄다.

주름잎   이질풀

쥐꼬리망초   이질풀

'주름잎(Mazus pumilus)'은 전국에서 흔히 볼 수 있는 잡초이며 질경이 등과 함께 길가에서 많이 피어나며 애기똥풀 등도 흔히 볼 수 있다.

'이질풀(Geranium thunbergii)'은 전국의 길가 풀숲에서 흔히 자라는 풀이며 이질병에는 이 풀을 삶아서 물을 마시면 잘 치유된다 하여 이름이 이질풀이라 한다. '쥐꼬리망초(Justicia procumbens)'는 전국의 길가 초원에 흔히 나는 잡초이다.

1997년도에 이 지역 탐사중에 아직 기록되지 않은 미기록종이 발견되기도 하였다. 그 당시 이 종이 발견된 논은 지금은 도로가 넓혀지는 바람에 없어지고 또 한군데는 이미 논이 메꾸어지고 아파트가 들어서 형체도 없이 없어져버렸다. 그 이후에는 다시 발견되지 않았으며 해마다 가을이면 이 '흰꽃물옥잠(Monochorra korsakowi for. alba)'을 찾아나서고 있다.

비록 큰 도시의 주변 들녘이지만 이러한 희귀한 식물들이 자라기 때문에 벼 이삭이 익어갈 즈음이면 김포 지역의 들녘에서 혹시나 하며 찾아나서지만 해가 다르게 황금 들녘이 좁아지고 없어지는 바람에 헛걸음만 반복하고 있다.

달팽이

흰꽃물옥잠

강화도
교동도
볼음도

서 부 전 선 의   야 생 화

강화도는 예부터 화문석과 인삼의 주산지로 유명한 곳이다. 지금도 이곳의 각 농가에서는 여름이 되면 왕골(Cyperus exaltatus var. iwasakii)을 잘라 화문석의 재료로 만들어 쓴다.

이 지역에는 멸종위기에 처한 식물이 있다. '매화마름(Ranunculus kazusensis)'은 원래 전국의 벼논에 흔하게 자랐으나 농약을 살포하면서 모두 자취를 감추고 지금은 환경부에서 멸종위기 식물로 지정, 보호하고 있으며, 이곳 강화 지역에 남아 있는 것이 몇년 전에 발견되어 지금은 환경단체들이 보호하고 있다.

왕골 채취

바닷가 양지바른 둑에는 '양지꽃'이 노란 솜털을 뒤집어쓰고 피어난다. 인가 주변이나 길가 언덕 등에 무리지어 자라고 줄기를 자르면 노란색의 유액이 나온다 하여 이름 지어진 '애기똥풀'은 까치다리, 젖풀, 씨아똥이라고도 불리는데 봄부터 여름까지 작은 노란꽃이 피며 줄기에는 흰 털이 많이 나 있는 양귀비과의 유독성 식물로서 약으로 쓰일 때는 백굴채(白屈菜)라고 불린다.

'물옥잠(Monochoria korsakowii)'은 풀잎은 옥잠화를 닮았고 물에서 자란다 하여 물옥잠이라 부른다. 이 풀은 특히 강화 지방 들녘의 논에서 가을 벼 이삭이 누렇게 익어갈 즈음에 짙은 자줏빛의 작은 꽃을 피운다. 무리지

매화마름

어 자라지만 농부에게는 귀찮은 잡초가 되어 뽑아버리기도 하지만 지금은 제초제 등을 뿌리기 때문에 꽃을 찾기가 대단히 어렵다. 예전에는 모내기를 해 놓고서 농부가 게으름을 피우며 논에 가지 않는 사이에 재빨리 자라 꽃을 피우고 씨를 맺어 농부와 늘 숨바꼭질하던 풀이다.

'미나리아재비(Ranunculus japonicus)'는 전국적으로 흔히 자라며 애기똥풀, 양지꽃 등과 함께 봄에 노오란 꽃이 핀다. '물질경이(Ottelia alismoides)'도 전국적으로 물웅덩이 및 논이나 연못 가장자리에 자라는 수생식물이다. '갯방풍(Glehnia littoralis)', '털갈퀴덩굴(Vicia villosa)', '통보리사초(Carex kobomugi)', '초종용(Orobanche coerulescens)', '갯강아지풀(Setaria viridis var. pachystachys)' 등은 바닷가 모래땅에 흔히 자라는 식

서부전선의 야생화 219

강화도 철산리에서 본 북한 마을

위 · 애기똥풀
아래 · 미나리아재비

위 · 물질경이
아래 · 물옥잠

초종용　갯강아지풀

털갈퀴덩굴　통보리사초

물로서 대개 우리나라 서해안 바닷가 또는 섬 지방의 바닷가에서 많이 자라며 이곳 강화도, 교동도, 보름도 등의 바닷가에서도 간간이 발견된다.

지난 2000년 여름에 다시 서부전선 방송취재차 휴전선을 탐사 도중 강화도 철산리 앞 들녘 비무장지대 철조망 가에서 매우 잘 나타나지 않는 희귀식물인 '수궁초(Apocynum sibiricum)'가 발견되었다.

'수염가래꽃(Lobelia chinensis)'은 통상적으로 들녘의 논둑에서 흔히 만날 수 있는 잡초이다. 이 지역 민가에서 기르고 있는 수십 년 된 '흰등(Wistaria floribunda for. alba)'이 많이 피었을 때 우리가 들어갔다.

가을철에 울타리 등지에 타고 올라가 꽃이 피는 '큰닭의덩굴(fallopia dentatoalata)'은 농가의 반갑지 않은 잡초로서 이곳뿐만 아니라 전국의 길가나 구릉지에 많이 난다.

강화 지역도 1987년 학술조사 때와 비교할 수 없이 마을이 변하고 들녘도 변하였다.

강화도에서 서북쪽으로 떨어져 있는 교동도는 강화도와 연결하는 카페리호가 다니는 민통선 마을이다. 다른 민통선 마을에 비해 크고 끝이 안보일 만큼 넓고 기름진 평야를 가진 살기 좋은 섬으로 농사가 주업이다. 여름이면 많은 제비들이 찾아오는 곳이며 넓은 들녘이 있어 먹이가 풍부하다.

갯방풍

수궁초

큰닭의덩굴

수염가래꽃

흰등

교동도는 썰물 때는 바다가 모두 갯벌로 변하는 넓은 들녘을 가진 섬이다. 더구나 커다란 연못이 있어 예부터 이곳 연못은 물 반 고기 반이라 하며 지금도 여름에 찾아가면 물총새들이 수없이 고기를 잡아올린다. 옛날에는 민간인 출입이 제한되었으나 지금은 많은 관광객들이 들어가며 이 지역 마을도 사진에 찍힌 마을 옛모습을 찾아보기 힘들다.

교동도 들녘

'솔나물(Galium verum)'은 북녘이 건너다보이는 바닷가 둑에서 무리지어 노란 꽃을 피우고 있는, 꼭두서니과의 풀이다.

집 주변 닭장 밑에서 잘 자란다 하여 닭의꼬꼬, 닭의밑씻개, 달개비 등으로 불리기도 하는, 잡초 취급이나 받고 있는 '닭의장풀(Commelina communis)'이 이곳의 길가에서도 가녀린 보랏빛의 꽃을 많이 피운다.

'까치수염(Lysimachia barystachys)'은 각 곳의 산야지에서 나는 앵초과의 풀로 강화도, 교동도, 보름도 등지의 초원에서 자주 볼 수 있다. 이곳 해변가의 논둑에서도 이삭 모양의 꽃자루를 옆으로 늘어뜨린 채 흰 별 모양의 많은 꽃을 피우고 있다. 옛날에는 개꼬리풀이라 부르기도 했다.

바닷가 양지바른 메마른 언덕에는 '딱지꽃(Potentilla chinensis)'과 '애기메꽃(Calystegia hederacea)', '조뱅이(Breea segeta)' 등이 꽃을 피우고 있으며 각 지방에서도 흔히 볼 수 있는 식물들이다.

'보풀(Sagittaria aginashi)'은 물논에 자라는 수생식물로서 벼 심은 논에 자라기 때문에 농부들에게는 귀찮은 존재가 되지만, 여름이면 아름다운 꽃을 피운다. '당아욱(Malva sylvestris var. mauritiana)'은 특히 섬 지방에서 관상용으로 흔히 심는 식물로서 귀화식물이며 이곳의 농가 담 부근에서 많이 볼 수 있다.

교동도 최북단에 자생하고 있는 천연기념물 제304호 '은행나무(Ginkgo

교동도 갯벌

딱지꽃　애기메꽃

조뱅이　까치수염

위 · 보풀
왼쪽 · 당아욱

교동도 은행나무

위 · 망둥어 낚시를 하는 보름도
포구의 어린이들
왼쪽 · 보름도 포구의 일몰

biloba)'는 휴전선에 위치한 천연기념물로서 여름에는 시원한 그늘을 만들어주며 북한에서 떠들어대는 대남방송이 바람에 따라 크게 들리다 작게 들리고 물이 빠진 갯벌에는 온갖 생물들이 돌아다닌다.

보름도는 원래 볼음도라 했으며 볼음도가 보름도로 불리게 되었다고 한다. 사진에 찍힌 1987년도 여름 보름도 포구에서 망둥이 낚시를 열심히 하던 어린아이들은 지금은 성인이 되었을 나이다.

비록 어린아이들이지만 이때 망둥이를 많이 잡아서 우리가 놀랄 정도였으며 이 보름도 포구는 그 당시 작은 배가 2, 3척이었으며 저녁 노을이 질 무렵 이곳의 풍경은 아름다웠다.

서부전선의 야생화

사진들은 모두 1987년 여름에 촬영한 것들이며 섬 지방에서는 흔히 원예종 백합을 많이 심어 놓고 있는데 그 당시 청개구리가 망중한을 즐기고 있는 것이 이채로워 촬영한 기억이 난다.

'들떡쑥'은 전국에서 흔히 볼 수 있는 풀이며 '모래지치(Messerschmidia sibirica)'는 우리나라 서해안의 바닷가 모래땅에서 자라는 식물이며 섬 지방의 바닷가에서도 많이 자란다. '솔나물', '닭의장풀' 등도 전국 각지에서 흔히 볼 수 있는 식물로서 이곳 섬 지방에도 옹기종기 꽃이 피어나고 있다.

지금은 보름도 포구가 변하여 커다란 여객선이 들어오고 옛날의 모습은 전혀 찾아볼 수 없다.

옆면 위·모래지치
옆면 아래 왼쪽·솔나물
옆면 아래 오른쪽·닭의장풀
오른쪽·들떡쑥

백령도
대청도
연평도

서 부 전 선 의   야 생 화

백령도는 대단히 넓은 면적을 차지하고 있는 서해의 최북단 섬이다. 이곳 연화리(蓮花里) 두무진 포구의 절경은 서해의 소금강(小金剛)이라 일컬을 정도로 아름답다. 수천 년에 걸쳐 파도와 비바람에 씻겨 형성된 바위군은 다른 곳에서는 볼 수 없는 갖가지 형상의 기암괴석이 되어 푸른 파도와 더불어 아름답기 그지없는 장관을 연출한다. 이 기암괴석과 더불어 물거품을 뿜으며 빙빙 돌아가는 검푸른 바닷물이 이곳의 물살이 얼마나 거센지 짐작케 한다.

더구나 이곳 앞바다는 그 옛날 심청이가 앞 못 보는 아버지를 위하여 공양미 삼백 석에 팔려와 바다에 뛰어들었다는 인당수가 있던 곳이라 하는데, 바다를

백령도 인당수와 장산곶

보는 이의 마음이 숙연해질 따름이다.

인당수 바다를 건너 육안으로 보이는 아늑한 산줄기는 바로 황해도 장산곶마루의 절경을 이룬 산으로, 북녘에 고향을 두고온 실향민들이 간혹 이곳을 찾아 멀리 보이는 고향산천 하늘을 바라보고 부모형제의 안녕을 기원하기도 하는 곳이다.

이러한 실향민의 아픈 마음을 달래주기라도 하는 듯 두무진 포구의 은빛 해변에는 한 그루의 '해당화'가 붉은빛 새색시 얼굴처럼, 어쩌면 먼 뱃길 떠나 돌아오지 않는 님이라도 기다리는 듯 바다를 향하여 고운 꽃망울을 터뜨리고 불

백령도 두무진 기암괴석

두무진 포구의 해당화

어오는 바닷내음에 고개를 흔들어댄다.

이곳 주민들의 어항(魚港)인 연화리 포구에서는 까나리액젓이 직접 바닷가에서 담그고 있는데, 이 까나리젓은 이미 그 맛이 전국적으로 알려져 있다. 그래서 이곳에 연고가 있는 사람들이나 이 젓갈로 맛있는 김치를 담글 수 있을 만큼 귀하다. 이 지역에는 까나리젓과 더불어 홍어가 많이 나고 바닷가에는 콩돌이 많이 깔려 있다.

필자는 지금까지 백령도를 수차례 탐사하였지만 이곳이 민통선 지역이기 때문에 탐사를 할 수 없었던 곳도 많다. 때문에 이같은 지역에서는 민간인이 출입할 수 있도록 허가된 지역에서만 탐사를 할 수 있으며, 모든 민간인 통제 지역에서는 필자뿐만 아니라 그 누구도 자유로이 탐사를 할 수 없다.

1996년경에 이 지역에서는 귀한 식물인 '모감주나무(Koelreuteria

연화리 포구 전경

연화리 포구 까나리액젓 통

백령도 백사장(천연비행장)

paniculata)'의 군락지가 있는 바닷가를 만났는데, 지금까지는 백령도까지 모감주나무가 확인된 바가 드문 일이며 사람의 간섭을 받지 않아 잘 자라고 있다. 백령도에 자라는 모감주나무는 휴전선 이남에서 가장 북쪽에 자라는 나무가 되었다.

'순비기나무(Vitex rotundifolia)'도 백령도 남쪽의 바닷가 백사장을 뒤덮는 큰 군락을 이룬다. 순비기나무는 서해안 및 남해안 각 지방의 바닷가 또는 섬 지방의 바닷가에 흔히 자라는 해변식물이다. 이들과 같이 토끼풀, 갯까치수염, 땅채송화, 그리고 해당화와 황원추리, 무릇(Scilla scilloides)도 초원이나 바닷가에서 아름답게 꽃이 핀다.

넓고 끝없이 펼쳐진 은모래 백사장에는 비행기가 착륙하는 진풍경도 볼 수 있다. 건너편 남동쪽으로 바로 건너다보이는 섬 대청도(大靑島)에는 대청리의 어항이 있고

위 · 모감주나무
아래 · 순비기나무

토끼풀　갯까치수염

땅채송화　무릇

위 · 대청도 모래 언덕
아래 · 대청도 해안 절벽

대청붓꽃

범부채

바로 건너편 소청도(小靑島)는 맛 좋은 미역생산지로 유명한 곳이다.

대청도의 북쪽 산기슭은 바다의 풍화작용에 의해 생긴 바닷모래가 산 위까지 덮어서 흡사 사막처럼 보인다. 바닷가 갯벌이 있는 넓은 지역에 많은 식물군이 서식하고 있는데, 그 형태는 백령도와 크게 다를 바 없다.

4월이면 이른 봄에 시작된 동백꽃의 꽃물결이 이곳 대청도에 이르게 되는데, 여기서 더 이상 북쪽으로 올라가지 못하고 머문다. 때문에 동백꽃의 북방한계선은 대청도가 되는 셈이다. 대청도에서만 자라는 붓꽃 '대청붓꽃(Iris dichotoma)'은 여름에 바닷가 절벽에 피었다가 이튿날이면 시들어버리는 하루살이 꽃이다. 옛날에는 대청붓꽃을 참부채붓꽃, 대청부채 등으로 부르기도 하였다.

'범부채(Belamcanda chinensis)'는 전국에서 관상용으로 많이 심고 있는 식물이며 여름 아침에 꽃이 피고 저녁 때 시드는, 역시 하루살이 꽃이다.

연평도는 북한과 가까운 곳에 위치한 민통선 지역 섬 가운데 하나이다. 예부터 조기가 많이 잡히고 많은 어획물이 나기 때문에 북한 배들의 침범이 잦은 곳으로, 2000년에 있었던 연평도 꽃게잡이 침범 사건은 지금도 잊혀지지 않는다.

옛날에 임경업 장군이 부하들에게 먹일 고기를 잡기 위하여 바닷길목이 좋은 곳을 택하여 나뭇가지를 꽂아 놓고 바닷물의 간만 차이를 이용하여 고기를 잡았다고 하는 연평도 여객선 부두 근처의 바닷길 약 3킬로미터는 지금도 마을 주민들이 나무 말뚝을 박아 놓고 그물을 잡아매어 놓으면 고기가 그물에 걸리고 바닷물이 빠지면 들어가서 고기를 주워 오는데 많은 양의 고기가 걸린다. 연평도 주민들의 소득원 중의 하나가 된다 한다.

청정해역인 이곳 바닷가 바위에는 많은 굴들이 자라고 연평도 북쪽의 몽돌 해수욕장은 파도에 밀리는 몽돌 구르는 소리가 정겹게 들린다.

해변가 초원에는 참나리(Lilium lancifolium), 황원추리(Hemerocallis thumbergii), 장구밥나무(Grewia biloba var. parviflora), 배초향, 천남성(Arisaema amurense var. serratum) 등 전국적으로 흔히 볼 수 있는 꽃들이 피어 있다.

배초향

위 · 연평도 몽돌 해수욕장
아래 · 연평도 앞바다(굴 채취)

참나리 장구밥나무

황원추리 천남성

탐사지역 지도

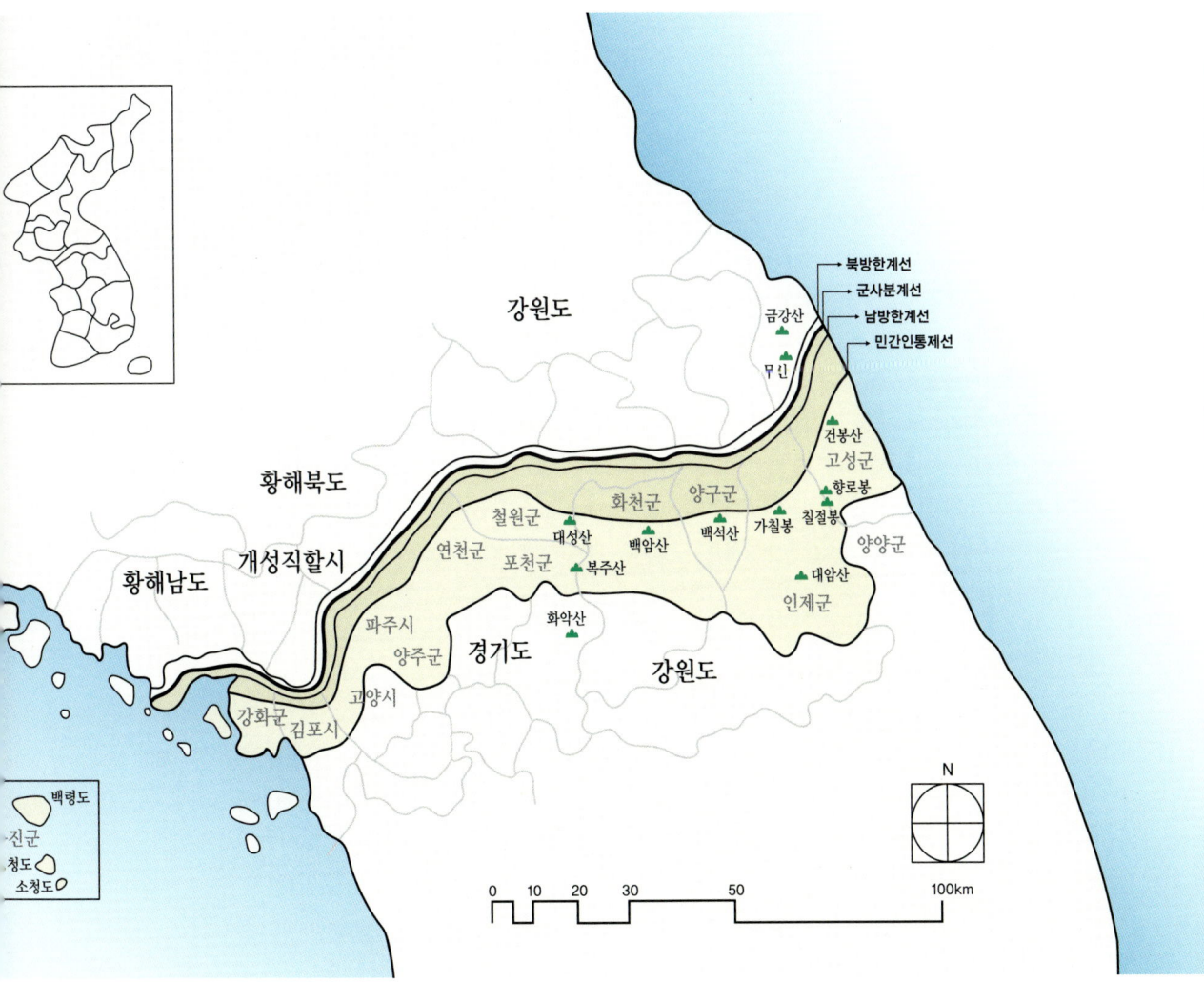

꽃이름 찾아보기

*사진이 실린 페이지는 볼드체로 표기하였습니다.

[ㄱ]

가는오이풀(Sanguisorba tenuifolia var. alba) ⋯ 78
가는잎구절초(Chrysanthemum zawadskii HERB. sspacutilobum) ⋯ 78, 102
가지괭이눈(Chrysosplenium ramosum) ⋯ 121, 133
각시괴불(Lonicera maackii) ⋯ 94
각시둥굴레(Polygonatum humile) ⋯ 91, **93**
각시붓꽃(Iris rossii) ⋯ 17, **19**, 133, 176, 189, 195
각시취(Saussurea pulchella) ⋯ 25, 79, 94, **100**, 102, 106
감국(Chrysanthemum indicum) ⋯ 19, **21**, 194, 202
감자난초(Oreorchis patens) ⋯ 79, 157, 163, **164**
강활(Ostericum praeteritum) ⋯ 82, **86**
개나리(Forsythia koreana) ⋯ 210
개느삼(Echinosophora koreensis) ⋯ 90, **92**
개다래(Actinidia polygama, s. et z.) ⋯ 13, **14**
개미취(Aster tataricus) ⋯ 25, 80, 84, 86, **89**
개별꽃(Pseudostellaria heterophylla) ⋯ 151, **153**, 157
개불알꽃(Cypripedium macranthum) ⋯ 137, **138**, **139**, 157
개석잠풀(Stachys Riederi var. hispidula) ⋯ **12**, 13
개쑥부쟁이(Aster ciliosus) ⋯ 19, **21**, 25
개회나무(Syringa reticulata) ⋯ 55
갯강아지풀(Setaria viridis var. pachystachys) ⋯ 219, **224**

갯까치수염(Lysimachia mauritiana) ⋯ 242, **243**
갯메꽃(Calystegia soldanella) ⋯ 17, 19, **19**
갯방풍(Glehnia littoralis) ⋯ 219, **225**
갯버들(Salix gracilistyla) ⋯ 133, **135**
갯완두(Lathyrus japonica) ⋯ **12**, 13
검솔나리(Lilium eernum) ⋯ 98, 106, **107**
검종덩굴(Clematis fusca) ⋯ 52, **76**, 79
겨우살이(Viscum album) ⋯ 61, 62, **62**
고광나무(Philadelphus schrenckii) ⋯ 94, 115, **118**, 137
고깔제비꽃(Viola rossii) ⋯ 115, **118**, 142, 157, 160
고들빼기(Youngia sonchifolia) ⋯ 14, **15**
고려엉겅퀴(Cirsium setidens) ⋯ 25, 61, 103
고추나무(Staphylea bumalda) ⋯ 180, **180**, 196
고추나물(Hypericum erectum) ⋯ 98
골병꽃나무(Weigela hortensis) ⋯ 94
곰취(Ligularia fischeri) ⋯ 36, **54**, 55, 78, 80, 94, 103, 106
광대나물(Lamium amplexicaule) ⋯ 210
광대수염(Lamium album) ⋯ 176, **179**, 195
괭이눈(Chrysosplenium grayanum) ⋯ 121, 133, 144, **145**, 160
괭이밥(Oxalis corniculata) ⋯ 207, **208**
구름패랭이(Dianthus superbus) ⋯ 71, **72**, 99
구릿대(Angelica dahurica) ⋯ 55, 84, 157
구슬댕댕이(Lonicera Vesicaria) ⋯ 94, 96

252

구절초(Chrysanthemum zawadskii var. latilobum) ⋯ 19, **20**, 60, 78

궁궁이(Angelica polymorpha) ⋯ 27, 55, 126

귀룽나무(Prunus padus) ⋯ 168, **170**

금강봄맞이꽃(Androsace cortusaefolia) ⋯ 36

금강애기나리(Disporum ovale) ⋯ 40, **40**, 157, 162

금강제비꽃(Viola diamantica) ⋯ 36, 39, 40, **41**, 115, 157, 160

금강초롱꽃(Hanabusaya asiatica) ⋯ 36, 55, 57, 58, **58**, **59**, 79, 80, 94, 99, 106, 109

금꿩의다리(Thalictrum rochebrunianum) ⋯ 115, **119**, 148

금낭화(Dicentra spectabilis, L.) ⋯ 13, 25, **26**

금마타리(Patrinia saniculaefolia) ⋯ 27, 28, **30**

기린초(Sedum kamtschaticum) ⋯ 27, 35, 82, 106, 126, **127**, 189, 194

긴오이풀(Sanguisorba longifolia) ⋯ **76**, 78

긴잎나비나물(Vicia unijuga var. angustifolia) ⋯ 74

까치수염(Lysimachia barystachys) ⋯ 229, **230**

깽깽이풀(Jeffersonia dubia) ⋯ 199, **199**

꼬리조팝(Spiraea salicifolia) ⋯ **77**, 79

꽃개회나무(Syringa wolfi) ⋯ 44, **49**

꽃다지(Draba nemorosa var. hebecarpa) ⋯ 142

꽃며느리밥풀(Melampyrum roseum) ⋯ 32, **34**, 60

꽃쥐손이풀(Geranium eriostemon var. megalanthum) ⋯ 86, 99

꽃창포(Iris ensata var. spontanea) ⋯ 64, **69**, 80, 84

꿀풀(Prunella vulgaris var. lilacina) ⋯ 94, 115, **118**, 168

꿩의다리(Thalictrum aquilegifolium) ⋯ 137

꿩의다리아재비(Caulophyllum robustum) ⋯ 144

꿩의바람꽃(Anemone raddeana) ⋯ 160, 176, 177, **179**

꿩의비름(Sedum erythrostichum) ⋯ 74, **127**, 129

끈끈이대나물(Silene armeria) ⋯ 13

끈끈이주걱(Drosera rotundifolia) ⋯ 64, 65, **68**

[ㄴ]

나도개감채(Lloydia triflora) ⋯ **150**, 151, 157, 166

나도송이풀(Phtheirospermum japonicum) ⋯ **154**, 155, 168, 182

나도양지꽃(Waldsteinia ternata) ⋯ 157, 163, **163**

나도옥잠화(Clintonia udensis) ⋯ 82, **85**

넉시나리(Penthorum chinense) ⋯ 207, **208**

난장이바위솔(Sedum leveilleanum) ⋯ 81, **82**

날개하늘나리(Lilium davuricum) ⋯ **77**, 79

남산제비꽃(Viola chaerophylloides) ⋯ 210, **213**

냉이(Capsella bursa-pastoris) ⋯ 142

냉초(Veronica sibirica) ⋯ 148, **148**

너도바람꽃(Eranthis stellata) ⋯ 157, 159, **160**

넓은잎기린초(Sedum aizoon var. latifolium) ⋯ 82, **83**

넓은잎천남성(Arisaema robustum) ⋯ 177, 196, **196**

노랑물봉선(Impatiens nolitangere) ⋯ 91, **93**, 111, 119, 168, 181

노랑미치광이풀(Scopolia lutescens) ⋯ 157, 165, **167**

노랑제비꽃(Viola xanthopetala) ⋯ **16**, 17, 80, 115

노랑하늘말나리(Lilium tsingtauense) ⋯ 157, 167, **168**

노루귀(Hepatica asiatica) ⋯ 39, **40**, 80, 133, 177

노루삼(Actaea asiatica) ⋯ **54**, 55

노루오줌(Astilbe chinensis var. davidii) ⋯ 27, 80, 97, 98, **98**

노루참나물(Pimpinella gustavohegiana) ⋯ 135

누룩치(Pleurospermum camtschaticum) … 109, **109**, 157, 167

누린내풀(Coryopteris divaricata) … 119, **120**, 143

눈개승마(Aruncus dioicus var. kamtschaticus) … 94, 133

눈괴불주머니(Corydalis ochotensis) … 119, **121**

눈빛승마(Cimicifuga davurica) … 84, **88**, 111, 133

는쟁이냉이(Cardamine komarovi) … 151, **155**, 157, 163

[ㄷ]

다래(Actinidia arguta) … 58, 60, 115, 119, **119**, 181

닭의장풀(Commelina communis) … 229, **234**, 235

당개지치(Brachybotrys paridiformis) … **136**, 137, 157, 165

당아욱(Malva sylvestris var. mauritiana) … 229, **230**

당잔대(Adenophora stricta) … 97

닻꽃(Halenia corniculata) … 71, **72**, 80, 87

대청붓꽃(Iris dichotoma) … **245**, 246

댓잎현호색(Corydalis turtschaninovii) … 28, **30**

더덕(Codonopsis lanceolata) … 44, **46**, 75

덩굴개별꽃(Pseudostellaria davidii) … **150**, 151, 157, 160

도깨비부채(Rodgersia podophylla) … 30, **31**

도깨비엉겅퀴(Cirsium schantarense) … 64, 74, **74**

도라지(Platycodon grandiflorum) … 34, 214

도라지모싯대(Adenophora grandiflora) … 35, **35**, 36

돌나물(Sedum sarmentosum) … 53, 168, 214, **214**

돌바늘꽃(Epilobium cephalostigma) … 37, 52, 79

돌양지꽃(Potentilla dickinsii) … 133

동의나물(Caltha palustris var. membranacea) … 133,
151, **151**, 157, 166

동자꽃(Lychnis Cognata) … 27, 36, 49, **49**, 51, 55, 79, 80, 94, 98

동충하초(Cordyceps sobolifera) … 173, 189, 196

두루미꽃(Majanthemum bifolium) … 79

두루미천남성(Arisaema heterophyllum) … 142, **206**, 207

둥굴레(Polygonatum odoratum var. pluriflor) … 214, **214**

둥근이질풀(Geranium Koreanum) … 27, 37, **48**, 49, 55, 78, 99, 106

둥근잔대(Adenophora coronopifolia) … 88, **90**, 110

들떡쑥(Leontopodium leontopodioides) … 235, **235**

들현호색(Corydalis ternata) … **195**, 196

등골나물(Eupatorium chinensis var. simplicifolium) … 168

등칡(Aristolochia manshuriensis) … 124, **125**

딱지꽃(Potentilla chinensis) … 229, **230**

땅채송화(Sedum oryzifolium) … 242, **243**

[ㅁ]

마(Dioscorea batatas) … 14

마가목(Sorbus Commixta) … 60

마타리(Patrinia scabiosaefolia) … 25, 27, 80, 106, 121, **124**

만삼(Codonopsis pilosula) … 44, **46**, 75

만주바람꽃(Isopyrum mandshuricum) … 157, 168, **168**

말나리(Lilium distichum) … 36, 44, **46**, 79, 98, 168

매미꽃(Hylomecon hylomeconoides) … 162

매발톱꽃(Aquilegia buergariana var. oxysepala) … 99,

101, 133
매자나무(Berberis koreana) … 94, 103, **196**, 199
매화마름(Ranunculus kazusensis) … 218, **219**
멍석딸기(Rubus parvifolius) … 30, **31**
메꽃(Calystegia japonica) … 133, **134**
모감주나무(Koelreuteria paniculata) … 240, 242, **242**
모데미풀(Megaleranthis saniculifolia) … 156, 159, **161**
모래지치(Messerschmidia sibirica) … **234**, 235
모싯대(Adenophora remotiflora) … 34, 60, 79, 94
뫼제비꽃(Viola selkirkii) … 39, **41**, 142, 177
무릇(Scilla scilloides) … 242, **243**
물레나물(Hypericum ascyron) … 27, 98, 126, **127**
물봉선(Impatiens textori) … 119, **120**, 181
물양지꽃(Potentilla cryptotaeniae) … 27, 80, 98, 133, 148
물옥잠(Monochoria korsakowii) … 218, **223**
물질경이(Ottelia alismoides) … 219, **223**
물참대(Deutzia glabrata) … 94, 139, **140**, 181
미나리냉이(Cardamine leucantha) … 143
미나리아재비(Ranunculus japonicus) … 219, **222**
미역취(Solidago virga-aurea var. asiatica) … 96
미치광이풀(Scopolia parviflora) … 157, 160, 165, **166**
민들레(Taraxacum mongolicum) … 25, **42**, 94, 109, 121, 173, **176**, 210
민백미꽃(Cynanchum ascyrifolium) … 96
민솜방망이(Senecio flammeus var. glabrifolius) … **16**, 17

[ㅂ]

바늘꽃(Epilobium pyrricholophum) … 37

바위말발로리(Deutzia humata) … **201**, 202
바위채송화(Sedum yabeanum) … 53
바이칼꿩의다리(Thalictrum baicalense) … 64, **69**
박새(Veratrum patulum) … 44, **47**, 75
박주가리(Metaplexis japonica) … **200**, 202, 211, 214
박하(Mentha arvensis var. piperascens) … 168
배초향(Agastache rugosa) … 81, 247, **247**
백당나무(Viburnum sargentii) … 55, **55**, 94, 137
백선(Dictamnus dasycarpus) … 52, **52**, 55
백작약(Paeonia japonica) … 151, **152**, 157
뱀무(Geum japonicum) … 14, **15**
벌깨덩굴(Meehania urticifolia) … 119, **120**, 124, 189, 195
벌노랑이(Lotus Corniculatus var. japonicus) … **12**, 13
범꼬리(Bistorta manshuriensis) … 79, **79**
범부채(Belamcanda chinensis) … **245**, 246
병꽃나무(Weigela subsessilis) … 177, **179**, 189, 195, 207, 208
병조희풀(Clematis heracleifolia) … 99, **102**
보풀(Sagittaria aginashi) … 229, **230**
복수초(Adonis amurensis) … 121, 156, 159, **159**
봄구슬봉이(Gentiana thunbergii) … 176, **180**, 195
부처꽃(Lythrum anceps) … **201**, 202
분홍바늘꽃(Epilobium angustifolium) … 51, **51**, 52, 55
붉은가시딸기(곰딸기, Rubus phoenicolasius) … **153**, 155
붉은병꽃나무(Weigela florida) … 94
붉은참반디(Sanicula rybriflora) … 157, 165, **165**
붓꽃(Iris nertschinskia) … 84, 194, **194**
비로용담(Gentiana Jamesii) … 36, 64, **68**
비비추(Hosta longipes) … 135
빗살현호색(Corydalis turtschaninovii var. pectinata) … 151, **154**, 178

[ㅅ]

사마귀풀(Aneilema keisak) … 168, 207, **208**
사위질빵(Clematis apiifolia) … 115, **118**, 171
산괴불주머니(Corydalis speciosa) … **16**, 17, 137, 142, 176
산구절초(Chrysanthemum zawadskii) … 60, **61**, 106
산국(Chrysanthemum boreale) … 184, 194
산꼬리풀(Veronica rotunda var. subintegra) … 139, **140**, 148
산꿩의다리(Thalictrum filamentosum) … 144
산달래(Allium grayi) … 189, 191
산벚나무(Prunus sargentii) … 210
산부추(Allium thunbergii) … 171
산뽕나무(Morus bombycis) … 115
산사나무(Crataegus pinnatifida) … **206**, 207
산수국(Hydrangea macrophylla) … 145, **146**
산오이풀(Sanguisorba hakusanensis) … 36, **50**, 51, 55
산옥잠화(Hosta longissima) … 126, **127**
산외(Schizopepon bryoniaefolius) … 148, **149**
산자고(Tulipa edulis) … **16**, 17
산철쭉(Rhododendron yedoese var. poulchanense) … 115
삼지구엽초(Epimedium Koreanum) … 144, **144**
삿갓나물(Paris verticillata) … 151, **151**, 177
삿갓사초(Carex dispalata) … 64, **64**
새끼꿩의비름(Sedum viviparum) … 74
새며느리밥풀(Melampyrum setaceum var. nakaianum) … 106, **108**
생강나무(Lindera obtusiloba) … 115, 142, 176, **178**, 194
서양민들레(Taraxacum officinale) … 17, **17**, 106, **108**, 210, **212**

세잎꿩의비름(Sedum verticillatum) … 90, **92**
세잎양지꽃(Potentilla freyniana) … 28
세잎종덩굴(Clematis Koreana) … 60, **60**
소경불알(Codonopsis ussuriensis) … 44, **46**, 157, 167
솔나리(Lilium Cernum) … 98, 106, **107**
솔나물(Galium verum) … 229, **234**, 235
솔붓꽃(Iris ruthenica) … 189, 191, 195, 210
솔체꽃(Scabiosa mansenensis) … 71, **72**, **73**, 78
솜나물(Leibnitzia anandria) … 189, **191**
송이풀(Pedicularis resupinata) … 36, 79, 80, 82, **85**, 94, 106, 182
송장풀(Leonurus macranthus) … 30
쇠뜨기(Equisetum arvense) … 176, 189, **190**, 210, 214
수궁초(Apocynum sibiricum) … 225, **226**
수리취(Synurus deltoides) … 25, 61, **61**, 79
수염가래꽃(Lobelia chinensis) … 225, **227**
숙은노루오줌(Astilbe koreana) … 98, **98**, 145
순비기나무(Vitex rotundifolia) … 242, **242**
숫잔대(Lobelia sessilfolia) … 64, 75, **75**
숲바람꽃(Anemone umbrosa) … **77**, 79
쉬땅나무(Sorbaria sorbifolia var. stellipila) … 79
시호(Bupleurum falcatum) … 84
쌍둥이바람꽃(Anemone rossi) … 145, **147**
쑥방망이(Senecio argunensis) … 80, 84, **88**
씀바귀(Ixeris dentata) … 189, 191, 210, **213**

[ㅇ]

앉은부채(Symplocarpus renifolius) … 143, 160, 168, **170**
애기기린초(Sedum middendorffianum) … 70, **71**

애기똥풀(Chelidonium majus var. asiaticum) … 151, 154, 216, 218, 219, **222**

애기메꽃(Calystegia hederacea) … 229, **230**

애기물꽈리아재비(Mimulus tenellus) … **200**, 202

애기송이풀(Pedicularis ishidoyana) … 199, **199**

애기중의무릇(Gagea japonica) … 168, **169**

앵초(Primula sieboldii) … 205, **206**

양지꽃(Potentilla fragarioides) … 28, **28**, 133, 163, 210, 218, 219

억새(Miscanthus sinensis var. purpurascens) … 19, **20**

얼레지(Erythronium japonicum) … 39, **39**, 73, 80, 121, **128**, 133, 142, 157, 159

엉겅퀴(Cirium japonicum var. ussuriense) … 12, 13, 202, 214

여로(Veratrum maackii var. japonicum) … 55, 75

연복초(Adoxa moschatellina) … 121, 156, 168, **169**

연영초(Trillium kamtschaticum) … 39, **41**

염아자(Phyteuma japonicum) … 27, 79, 126, **129**

오미자(Schisandra chinensis) … 91, **93**, 181

왕골(Cyperus exaltatus var. iwasakii) … 218, **218**

왜솜다리(Leontopodium japonicum) … 36, 55, **57**, 106, 110, 111

왜현호색(Corydalis ambigua) … 121, **128**

요강나물(Clematis fusca) … 55, **55**, 74

용가시나무(Rosa maximowicziana) … **184**, 185

용담(Gentiana scabra var. buergeri) … 182, 183, 184, 202, **203**

용둥굴레(Polygonatum involucratum) … 176, **179**, 180

으름(Akebia quunata) … 181, 182

은방울꽃(Convallaria keiskei) … 79, **197**, 199, 214

은행나무(Ginkgo biloba) … 229, **231**

이고들빼기(Youngia denticulata) … 168

이질풀(Geranium thunbergii) … **215**, 216

인동(Lonicera japonica) … 14, **14**, 96

[ㅈ]

자주꽃방망이(Campanula glomerata var. dahurica) … 191, **194**, 202

잔대(Adenophora triphylla var. japonica Hara) … 27, 36, 60, 79, 80, 94, 99

잠자리난초(Habenaria linearifolia) … 125, **126**

장구밤나무(Grewia biloba var. parviflora) … 247, **249**

전동싸리(Melilotus suaveolens) … 126

전호(Anthriscus sylvestris) … 36, 109, **109**

절국대(Siphonostegia chinensis) … 148

제비꽃(Viola mandshurica) … 189, **191**, 210, 211

제비동자꽃(Lychnis wilfordii) … 64, 73, **74**

조뱅이(Breea segeta) … 229, **230**

조팝나무(Spiraea prumifolia for. simpliciflora) … 168, **170**, 177, 210, 214

족도리풀(Asarum sieboldii) … **136**, 137, 157, 160, **201**, 202

좀쥐손이(Geranium tripartitum) … **101**, 102

좁쌀풀(Lysimachia vulgaris var. davurica) … 32, **32**

종덩굴(Clematis fusca var. violacea) … **54**, 55, 126

주름잎(Mazus pumilus) … **215**, 216

줄딸기(덤불딸기, Rubus oldhamii) … 30

중나리(Lilium leichtlinii var. tigrinum) … 44, **47**, 126, 168

중의무릇(Gagea lutea) … 121

쥐꼬리망초(Justicia procumbens) … **215**, 216
쥐방울덩굴(Aristolochia contorta) … 124, **125**
쥐오줌풀(Valeriana fauriei) … 14, **15**, 94
지느러미엉겅퀴(Carduus crispus) … **198**, 199, 210, 214
지칭개(Hemistepta lyrata) … **197**, 199, 210, 214
진달래(Rhododendron mucronulatum) … 39, 115, 142, 176, 210
진돌쩌귀(Aconitum seoulense) … **33**, 34
진범(Aconitum pseudo-laeve) … 64, **69**, 87
질경이(Plantago asiatica) … 216

[ㅊ]

차풀(Cassia mimosoides) … 137
참개별꽃(Pseudostellaria coreana) … 39, **41**, 121, 142, 160
참꽃마리(Trigonotis radicans) … 165, **165**
참나리(Lilium lancifolium) … 168, 180, 247, **249**
참나물(Pimpinella brachycarpa) … 135
참당귀(Angelica gigas) … 60, 79, 88, **90**, 102
참배암차즈기(Salvia chanroenica) … 37, 97, 98
참비비추(Hosta clausa) … 126
참조팝나무(Spiraea fritschiana) … 82, **84**
참좁쌀풀(Lysimachia coreana) … 90, **92**
참취(Aster scaber) … 79, 99
처녀치마(Heloniopsis orientalis) … 39, 160
천남성(Arisaema amurense var. serratum) … 133, 180, 247, **249**
천마(Gastrodia elata) … 133, **135**, 157, 163
철쭉(Rhododendron schlippenbachii) … 39, **40**, 94, 115

초롱꽃(Campanula punctata) … 25, 35, 135
초종용(Orobanche coerulescens) … 219, **224**
촛대승마(Cimicifuga simplex) … 36, **72**, 73, 80
층층나무(Cornus controversa) … 52

[ㅋ]

큰각시취(Saussurea japonica) … 110
큰구슬봉이(Gentiana zollingeri) … **77**
큰꽃으아리(Clematis patens) … **200**, 202
큰달맞이꽃(Oenothera lamarckiana) … 13, **13**
큰닭의덩굴(fallopia dentatoalata) … 225, **227**
큰방울새난(Pogonia japonica) … 64, **68**
큰수리취(Synurus excelsus) … 87
큰앵초(Primula jesoana) … 79, 94, 157, 163, **164**
큰엉겅퀴(Cirsium pendulum) … 142
큰연영초(Trilium kamtschaticum) … 157, 166
큰용담(Gentiana axillariflora var. coreana) … **76**, 78
큰원추리(Hemerocallis middendorfii) … 139, **141**, 148
큰제비고깔(Delphinium maackianum) … 129, **129**, 137

[ㅌ]

타래난초(Spiranthes amoena) … 137
타래붓꽃(Iris lactea var. chinensis) … **197**, 199
태백제비꽃(Viola albida) … 115, 144, **146**, 160
털갈퀴덩굴(Vicia villosa) … 219, **224**
털중나리(Lilium amabile) … 35, 80, **80**, 126, 168
털쥐손이(Geranium eriostemon) … **54**, 55

토끼풀(Trifolium repens) … 242, **243**
토현삼(Scrophularia koraiensis) … 99, **102**, 157, 166
통발(Utricularia japonica) … 90, **91**, 125
통보리사초(Carex kobomugi) … 219, **224**
투구꽃(Aconitum jaluense) … 80, 88

[ㅍ]

파란여로(Veratrum maackii var. parviflorum) … 55
패랭이꽃(Dianthus sinensis) … 55, 139, **140**
피나무(Tilia amurensis) … 44, **44**, 45
피나물(Hylomecon vernale) … 25, **26**, 151, 157, 162

[ㅎ]

하늘말나리(Lilium tsingtauense) … 139, **140**, 148, 168
한계령풀(Leontice microrhyncha) … 37, **38**, 39, **39**
할미꽃(Pulsatilla cerrma) … 28, **29**, 121, 142, 210
할미멜빵(Clematis trichotoma) … **200**, 202
함박꽃나무(Magnolia sieboldii) … 53, **53**, 55
해국(Aster spathulifolius) … 10, **11**
해당화(Rosa rugosa) … 17, **18**, 19, 237, **240**, 242
해오라비난초(Habenaria radiata) … 125
현호색(Corydalis turtschaninovii) … 28, 142, 160, 176, **195**, 196
호제비꽃(Viola yedoensis) … 210
홀아비꽃대(Chloranthus japonicus) … **136**, 137, 157, 163
홀아비바람꽃(Anemone narcissiflora) … 80, 121, 145, **147**

황원추리(Hemerocallis thumbergii) … 242, 247, **249**
회리바람꽃(Anemone reflexa) … 168
흑삼릉(Sparganium stoloniferum) … 207, **207**
흰그늘돌쩌귀(Aconitum uchiyamai for. alblflorum) … 143, 168, **169**
흰금강초롱꽃(Hanabusaya asiatica for. alba) … **58**, 126
흰꽃물옥잠(Monochorra korsakowi for. alba) … 216, **217**
흰꽃바디나물(Angelica decursiva for. albiflora) … 82, **87**
흰등(Wistaria floribunda for. alba) … 225, **227**
흰물봉선(Impatiens textori for. pallescens) … 119, 168, **180**, 181
흰민들레(Taraxacum coreanum) … **16**, 17
흰병꽃나무(Weigela florida for candida) … 94, **96**
흰색동자꽃(Lychnis Cognata) … 97
흰송이풀(Pedicularis resupinata var. albiflora) … 79, 82, **85**
흰앵초(Primula sieboldi for. alba) … **206**, 207
흰얼레지(Erythronium japonicum) … 157, 159, **162**
흰잔대(Adenophora triphylla) … 74
흰진범(Aconitum longecassidatum) … 57, **57**, 157, 166
흰털괭이눈(Chrysosplenium barbatum) … **150**, 151, 178